2 天学会

48 HOURS

Word/Excel

综合办公应用

（2016 版）

一线文化◎编著

U0338460

中国铁道出版社

CHINA RAILWAY PUBLISHING HOUSE

内 容 简 介

本书完全从"读者自学"的角度出发，结合课堂教学实录，力求解决"学"和"用"两个关键问题，专门为想在短时间内掌握 Word、Excel 商务办公的读者而编写，确保读者在短时间内快速掌握 Word、Excel 的相关技能知识。

本书系统并全面地介绍了 Word 办公文档的录入与编辑，Word 办公文档的格式设置与美化，Word 表格与图表的制作，在 Word 中制作图文混排的文档，Word 文档的引用与邮件合并功能应用；Excel 电子表格的创建与编辑，Excel 公式与函数的应用，Excel 中图表与数据透视表的应用，Excel 数据排序、筛选与分类汇总，Excel 数据的高级分析与处理等内容。

这是一本一看就懂、一学就会的 Word/Excel 综合办公应用自学速成图书，在编写过程中，突出知识的实用性、强调内容的易学性，采用"步骤讲述＋图解标注"的方式进行编写，非常适合新手学习。

图书在版编目（CIP）数据

2 天学会 Word/Excel 综合办公应用：2016 版 ／ 一线文化编著 . — 北京：中国铁道出版社，2016.7
（快·易·通）
ISBN 978-7-113-21861-4

Ⅰ . ① 2… Ⅱ . ①一… Ⅲ . ①文字处理系统②表处理软件 Ⅳ . ① TP317.1

中国版本图书馆 CIP 数据核字 (2016) 第 119135 号

书 名：快·易·通——2 天学会 Word/Excel 综合办公应用（2016 版）
作 者：一线文化 编著

策 划：巨 凤 读者热线：010-63560056
责任编辑：苏 茜
责任印制：赵星辰 封面设计：MXK DESIGN STUDIO

出版发行：中国铁道出版社（北京市西城区右安门西街 8 号 邮政编码：100054）
印 刷：北京明恒达印务有限公司
版 次：2016 年 7 月第 1 版 2016 年 7 月第 1 次印刷
开 本：700 mm×1 000 mm 1/16 印张：17.75 字数：441 千
书 号：ISBN 978-7-113-21861-4
定 价：49.00 元（附赠光盘）

前言

致亲爱的读者

微软公司推出的 Office 2016 软件，是目前市面上应用最广的日常办公软件之一。其中，Word 与 Excel 又是最常用的两个软件，Word 是功能强大的文字处理软件，Excel 是功能强大的电子表格制作与数据处理分析软件。

☆ 如果您对 Word、Excel 一点儿不懂，而希望通过自学，快速掌握 Word、Excel 办公的基本技能，建议您选择本书！

☆ 如果您对 Word、Excel 有一定的了解或基础不太好，对知识一知半解，现在希望系统并全面掌握 Word、Excel 办公的知识，建议您选择本书！

☆ 如果您以前曾经几次尝试了学 Word、Excel，都未完全入门或学会，建议您选择本书！

您只需短短的 2 天时间，通过对本书认真、系统的学习，相信您这次一定能学习成功，这是因为我们为初学 Word、Excel 的读者，策划了一套完整且合理的"自学速成模式"。

本书阅读说明

本书从零开始，按照"快速掌握、易学易用"的原则，充分考虑初学 Word、Excel 读者的实际情况及需求，结合课堂教学实录，系统、科学地安排了本书的学习时间、学习内容及学习方式，力求读者在短时间内快速掌握 Word、Excel 办公的相关技能，解决用户"学"和"用"两个关键的问题。

本书总共分为 10 课。按照一节课学习 1.5 个小时，每天上午两节课、下午两节课，晚上一节课，合计一天 7.5 个小时的学习时间来安排内容，您只需花短短的 2 天时间，就能熟练掌握 Word、Excel 的相关知识与技能。

全书每课都以"知识精讲＋学习问答＋过关练习"的结构体系进行编写。

☆ 知识精讲：结合情景教学课堂实录，通过大量、实用的例子讲解知识的应用。充分考虑用户初学 Word、Excel 的实用性，为了短时间内快速掌握 Word、Excel 的技能，本书以"只讲实用的、只讲常用的"知识为写作出发点，真正做到读者"学得会，用得上"。

☆ 学习问答：通过课堂知识内容的学习，站在学生的角度上，提出学习过程中的疑难问题，然后站在老师角度上，解答初学用户在学习过程中所遇到的各种问题。

☆ 过关练习：安排上机操作的过关任务，通过这些习题的实践操作，让读者达到对本课知识的巩固和温习的目的。

知识栏目版块阅读说明：为了使初学者在学习时少走弯路，在文中适当的位置穿插了丰富的"小提示、一点通"栏目版块，给初学者适时指出操作的注意事项、技巧及经验说明。

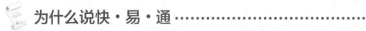
为什么说快·易·通 ··

☆ 快：是指本书内容以实用为原则，只为初学者讲解常用的、实用的知识。通过 2 天时间的学习，就能掌握 Word、Excel 办公应用的相关技能。

☆ 易：图解教学，步步引导，配以详细的标注和说明，以"浅显易读、通俗易懂"的文字进行讲述，简洁明了。并且，图书还配有与书同步的视频操作文件，读者可按书中的"图解步骤"一步一步地做出效果来。

☆ 通：通过"知识精讲＋学习问答＋过关练习"三环节的学习，可让读者熟练掌握操作的相关技能，并能达到融会贯通、举一反三的学习效果和目的。

本书内容安排 ··

本书总共分 10 课，具体内容安排如下。

第 1 课　Word 2016 文档的录入与编辑	第 6 课　Excel 2016 电子表格创建与编辑
第 2 课　Word 2016 文档格式的设置与美化	第 7 课　Excel 2016 公式与函数的应用
第 3 课　Word 2016 表格制作与图表应用	第 8 课　Excel 2016 图表与数据透视表的应用
第 4 课　Word 2016 图文混排功能的应用	第 9 课　Excel 2016 数据排序、筛选与分类汇总
第 5 课　Word 2016 文档的引用、邮件合并与审阅	第 10 课　Excel 2016 数据的高级分析与处理

超值教学光盘 ··

本书还配套赠送了一张多媒体的教学光盘，除了包括本书相关的资源内容外，还给读者额外赠送了多本书的教学视频。真正让读者花一本书的钱，得到多本书的学习内容。光盘中具体内容如下：

❶ 本书相关案例的素材文件与结果文件，方便读者学习使用。

❷ 本书内容同步的教学视频（506 分钟），看着视频学习，效果立竿见影。

❸ 赠送：总共 13 讲的《视频教学：Office 办公实战技巧大全》多媒体教程。

❹ 赠送：总共 10 讲的《视频教学：电脑系统的安装·重装·备份·还原》多媒体教程。

本书由一线文化工作室策划并组织编写。参与本书编写的老师都具有丰富的教学经验和电脑使用经验，在此向他们表示衷心的感谢！

凡购买本书的读者，即可申请加入读者学习交流与服务 QQ 群（群号：363300209），可以为读者答疑解惑，而且还为读者不定期举办免费的计算机技能网络公开课，欢迎读者加群了解详情。

最后感谢您购买本书，您的支持是我们最大的动力。由于计算机技术发展迅速，加之编者知识有限，书中疏漏和不足之处在所难免，敬请广大读者及专家批评指正。

编　者

2016 年 4 月

第 1 课
Word 2016 文档的录入与编辑

1.1 文档的基本操作 2
  1.1.1 新建文档 2
  1.1.2 保存文档 4
  1.1.3 编辑文档 6
1.2 文本的基本操作 8
  1.2.1 选择文本 9
  1.2.2 复制文本 11
  1.2.3 剪切文本 11
  1.2.4 粘贴文本 12
  1.2.5 查找和替换文本 13
  1.2.6 改写和删除文本 13
1.3 文档视图 14
  1.3.1 页面视图 14
  1.3.2 阅读视图 14
  1.3.3 Web 版式视图 15
  1.3.4 大纲视图 15
  1.3.5 草稿视图 16
  1.3.6 调整视图比例 16
1.4 打印文档 17
  1.4.1 页面设置 17
  1.4.2 打印设置 19
1.5 保护文档 20
  1.5.1 设置只读文档 20
  1.5.2 设置加密文档 21
  1.5.3 启动强制保护 22

学习小结 27

第 2 课
Word 2016 文档格式的设置与美化

2.1 设置字体格式 29
  2.1.1 设置字体和字号 29
  2.1.2 设置加粗效果 31
  2.1.3 设置字符间距 32
2.2 设置段落格式 33
  2.2.1 设置对齐方式 33
  2.2.2 设置段落缩进 34
  2.2.3 设置间距 36
  2.2.4 项目符号和编号 37
  2.2.5 添加边框和底纹 38
2.3 样式及主题 39
  2.3.1 套用系统样式 39
  2.3.2 自定义样式 41
  2.3.3 刷新样式 45
2.4 设置页面背景 46
  2.4.1 添加水印 46
  2.4.2 设置页面颜色 48
  2.4.3 设置填充效果 49
2.5 插入并编辑目录 52
  2.5.1 插入目录 52
  2.5.2 修改目录 53
  2.5.3 更新目录 55
2.6 插入页眉和页脚 56
  2.6.1 插入分隔符 56

2.6.2 插入页眉和页脚............57

2.6.3 插入页码..................59

学习小结........................ 64

第 3 课
Word 2016 表格制作与图表应用

3.1 制作表格 66

3.1.1 插入表格...............66

3.1.2 表格的基本操作.........68

3.1.3 美化表格...............72

3.1.4 表格数据计算...........74

3.2 制作图表 76

3.2.1 创建图表...............76

3.2.2 设置图表...............77

学习小结........................ 89

第 4 课
Word 2016 图文混排功能的应用

4.1 使用文本框 92

4.1.1 插入文本框.............92

4.1.2 编辑文本框.............93

4.2 使用图片 95

4.2.1 插入图片...............95

4.2.2 编辑图片...............97

4.2.3 设置图片效果..........100

4.3 使用联机图片 102

4.3.1 插入联机图片..........102

4.3.2 编辑联机图片..........102

4.4 使用形状 104

4.4.1 插入形状.............104

4.4.2 编辑形状.............105

4.5 使用 SmartArt 图形 107

4.5.1 创建 SmartArt 图形......107

4.5.2 编辑 SmartArt 图形......108

学习小结....................... 117

第 5 课
Word 2016 文档的引用、邮件合并与审阅

5.1 文档的引用 120

5.1.1 插入题注..............120

5.1.2 插入脚注..............121

5.1.3 插入尾注..............122

5.2 文档的审阅 123

5.2.1 添加批注..............123

5.2.2 修订文档..............124

5.2.3 更改文档..............126

5.3 邮件合并 127

5.3.1 创建中文信封..........127

5.3.2 开始邮件合并..........129

5.4 文档的安全 132

5.4.1 使用超链接............132

5.4.2 使用控件..............134

学习小结....................... 143

第 6 课
Excel 2016 电子表格创建与编辑

6.1 工作簿的基本操作 145

6.1.1 新建工作簿............145

6.1.2 保存工作簿............146

6.1.3 保护和共享工作簿......148

6.2 工作表的基本操作 152

6.2.1 插入和删除工作表......152

6.2.2 隐藏和显示工作表......153

6.2.3 移动或复制工作表......154

6.2.4 重命名工作表..........155

6.2.5 设置工作表标签颜色....156

6.2.6 保护工作表............157

6.3 单元格的基本操作 158

6.3.1 输入数据..............158

6.3.2 填充数据..............161

6.3.3 设置单元格格式........164

6.4 应用样式和主题 166
　6.4.1 应用单元格样式. 166
　6.4.2 套用表格样式. 168
　6.4.3 设置表格主题. 168
学习小结. 174

第 7 课
Excel 2016 公式与函数的应用

7.1 公式的使用 176
　7.1.1 输入公式. 176
　7.1.2 编辑公式. 176
7.2 名称的引用 178
　7.2.1 单元格的引用. 178
　7.2.2 名称的使用. 179
　7.2.3 设置数据有效性. 181
7.3 函数的应用 182
　7.3.1 文本函数. 182
　7.3.2 日期与时间函数. 185
　7.3.3 逻辑函数. 186
　7.3.4 数学与三角函数. 188
　7.3.5 统计函数. 191
　7.3.6 查找与引用函数. 193
学习小结. 200

第 8 课
Excel 2016 图表与数据透视表的应用

8.1 常用图表 203
　8.1.1 创建图表. 203
　8.1.2 美化图表. 206
　8.1.3 创建其他图表类型. 211
8.2 高级制图 211
　8.2.1 选项按钮制图. 211
　8.2.2 组合框制图. 215
　8.2.3 复选框制图. 218
8.3 数据透视分析 222

　8.3.1 数据透视表. 222
　8.3.2 数据透视图. 224
学习小结. 231

第 9 课
Excel 2016 数据排序、筛选与分类汇总

9.1 数据的排序 234
　9.1.1 简单排序. 234
　9.1.2 复杂排序. 234
　9.1.3 自定义排序. 235
9.2 数据的筛选 236
　9.2.1 自动筛选. 236
　9.2.2 自定义筛选. 238
　9.2.3 高级筛选. 238
9.3 数据的分类汇总 241
　9.3.1 创建分类汇总. 241
　9.3.2 删除分类汇总. 242
学习小结. 251

第 10 课
Excel 2016 数据的高级分析与处理

10.1 合并计算和单变量求解 253
　10.1.1 合并计算. 253
　10.1.2 单变量求解. 257
10.2 模拟运算表 259
　10.2.1 单变量模拟运算表. 259
　10.2.2 双变量模拟运算表. 260
10.3 方案管理器 261
　10.3.1 创建方案. 261
　10.3.2 显示方案. 265
　10.3.3 编辑和删除方案. 266
　10.3.4 生成方案总结报告. 267
学习小结. 275

第1课

Word 2016 文档的录入与编辑

　　在日常工作中，最常用的文字处理工具是 Word。Word 2016 作为 Word 的最新版本，其界面友好，工具齐全，是日常办公的好帮手。Word 的基础操作是组织和编写高质量文档的基础。要制作一份精美的文档，必须熟练掌握 Word 的基础操作。本课主要介绍文档的录入与编辑等操作，包括文档的基本操作、文本的基本操作、文档视图、打印文档及保护文档等知识。

学习建议与计划

时间安排：（8:30 ～ 10:00）

第一天 上午

🎤 知识精讲（8:30 ～ 9:15）

☆ 文档的基本操作
☆ 文本的基本操作
☆ 文档视图
☆ 打印文档
☆ 保护文档

👤 学习问答（9:15 ～ 9:30）

📝 过关练习（9:30 ～ 10:00）

 知识精讲 (8:30 ~ 9:15)

1.1 文档的基本操作

文档的基本操作包括新建文档、保存文档及编辑文档等操作。

● 1.1.1 新建文档

用户可以使用 Word 2016 方便快捷地新建多种类型的文档，例如空白文档、基于模板的文档等。

1．新建空白文档

新建空白文档的方法很简单，接下来介绍几种新建空白文档的方法。

（1）使用"开始"菜单按钮

如果没有启动 Word 2016，用户可以通过"开始"程序新建空白文档，具体操作方法如下。

`Step01` ❶ 单击"开始"菜单按钮，在弹出的菜单中单击"所有程序" → "Word 2016"，启动 Word 2016，如下图所示。

`Step03` 即可创建一个名为"文档 1"的空白文档，如下图所示。

`Step02` 打开 Word 开始界面，单击"空白文档"选项，如下图所示。

（2）使用 文件 按钮

在 Word 2016 主界面中单击 文件 按钮，在弹出的界面中选择"新建"选项，系统会打开"新建"界面，在右侧列表框中选择"空白文档"选项，如下图所示。

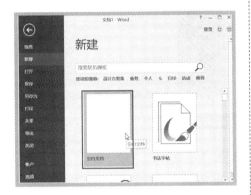

（3）使用"新建"按钮

单击"自定义快速访问工具栏"中的"新建空白文档"按钮 ，即可新建一个空白文档，如下图所示。

（4）使用组合键

在 Word 2016 中，按【Ctrl+N】组合键，即可创建一个新的空白文档。

2．新建基于模板的文档

除了 Word 2016 软件自带的模板之外，微软公司还提供了很多精美、专业的联机模板。

接下来介绍怎么样利用联机模板创建文档，具体操作方法如下。

Step01　❶ 单击 文件 按钮，在弹出的界面中选择"新建"选项，❷ 打开"新建"界面，在"搜索联机模板"搜索框中输入想要搜索的模板类型，例如"简历"，❸ 单击"开始搜索"按钮 ，如下图所示。

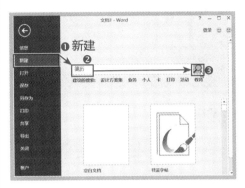

Step02　在搜索框下方会显示搜索结果，从中选择一种合适的简历选项，例如"实用简历（传统型）"选项，如下图所示。

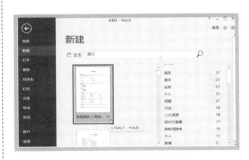

Step03　在弹出的简历预览界面中单击"创建"按钮 ，如下图所示。

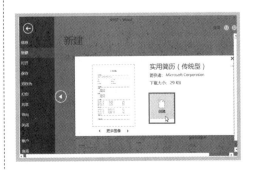

Step04 即可进入下载界面，显示"正在下载您的模板"，如下图所示。

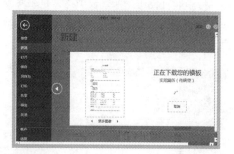

Step05 下载完毕，模板如下图所示。

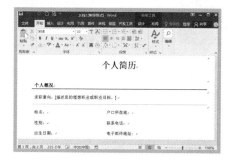

1.1.2 保存文档

在编辑文档的过程中，可能会出现断电、死机或系统自动关闭等情况。为了避免不必要的损失，用户应该及时保存文档。

1．保存新建文档

新建文档以后，用户可以将其保存起来。保存新建文档的具体操作方法如下。

Step01 单击 文件 按钮，在弹出的界面中选择"保存"选项，如下图所示。

Step02 此时为第一次保存文档，系统会打开"另存为"界面，在此界面中选择"浏览"选项，如下图所示。

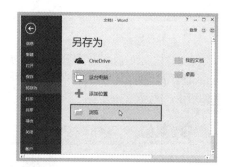

Step03 ❶ 弹出"另存为"对话框，在左侧的列表框中选择保存位置，❷ 在"文件名"文本框中输入文件名"Doc1.docx"，❸ 在"保存类型"下拉列表中选择"Word文档（*.docx）"选项，❹ 单击 保存(S) 按钮，即可保存新建的 Word 文档，如下图所示。

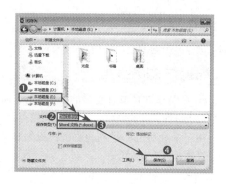

2．保存已有的文档

用户对已经保存过的文档进行编辑之后，可以使用以下几种方法保存。

方法1：单击"自定义快速访问工具栏"中的"保存"按钮🔲。

方法2：按【Ctrl+S】组合键。

3．将文档另存为

用户对已有文档进行编辑后，也可以另存为同类型文档或其他类型的文件，具体操作方法如下。

`Step01` 单击 文件 按钮，在弹出的界面中选择"另存为"选项，如下图所示。

`Step02` 弹出"另存为"界面，在此界面中选择"浏览"选项，如下图所示。

`Step03` ❶ 弹出"另存为"对话框，在"文件名"文本框中输入另存为的文件名，❷ 单击 保存(S) 按钮即可，如下图所示。

4．设置自动保存

对Word进行自动保存设置，可以在断电或死机的情况下最大限度地减少文档损失。设置自动保存的具体操作方法如下。

`Step01` 在Word文档窗口中，单击 文件 按钮，在弹出的界面中选择"选项"选项，如下图所示。

`Step02` ❶ 弹出"Word选项"对话框，切换到"保存"选项卡，❷ 在"保存文档"组合框中的"将文件保存为此格式"下拉列表中选择文件的保存类型，这里选择"Word文档(*.docx)"选项，❸ 选中"保存自动恢复信息时间间隔"复选框，并在其右侧的微调框中设置文档自动保存的时间间隔，这里将时间间隔值设置为"8分钟"。❹ 设置完毕，单击 确定 按钮，即可设置每隔8分钟系统自动保存文档一次，如下图所示。

小提示

自动保存时间间隔设置注意事项

建议设置的时间间隔不要太短，如果设置的间隔太短，Word 频繁地执行保存操作，则容易死机，影响工作。

1.1.3 编辑文档

编辑文档是 Word 文字处理软件最主要的功能之一，接下来介绍如何在 Word 文档中编辑中文、英文、数字及日期等对象。

1．输入中文

新建一个 Word 空白文档后，用户即可在文档中输入中文。具体的操作方法如下。

Step01 打开光盘文件\素材文件\第1课\"会议通知01.docx"，切换到任意一种汉字输入法，如下图所示。

Step02 单击文档编辑区，在光标闪烁处输

入文本内容，例如"会议通知"，按【Enter】键将光标移到下一行行首，如下图所示。

Step03 接下来输入面试通知的文本内容即可，如下图所示。

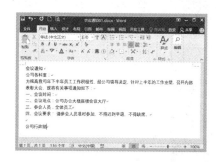

2．输入数字

在编辑文档的过程中，如果用户需要用到数字内容，则只需按键盘上的数字键直接输入即可。输入数字的具体操作方法如下。

Step01 打开光盘文件\素材文件\第1课\"会议通知02.docx"，将光标定位在文本"司"和"年"之间，分别按键盘上的数字键"2"、"0"、"1"和"5"，即可输入数字"2015"，如下图所示。

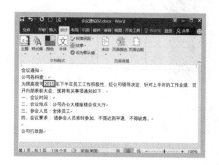

Step02 使用同样的方法输入其他数字即可，如下图所示。

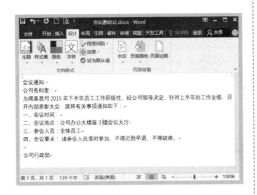

3．输入日期和时间

在编辑文档时往往需要输入日期或时间，如果用户要使用当前的日期或时间，则可使用 Word 2016 系统自带的插入日期和时间功能。输入当前日期和时间的具体操作方法如下。

Step01 ❶ 打开光盘文件＼素材文件＼第 1 课＼"会议通知 03.docx"，将光标定位在"会议时间："之后，❷ 切换到"插入"选项卡，❸ 在"文本"功能组中单击 日期和时间 按钮，如下图所示。

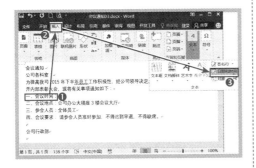

Step02 弹出"日期和时间"对话框，在"可用格式"列表框中选择一种日期格式，例如选择"2015 年 8 月 13 日"选项，如下图所示。

Step03 单击 确定 按钮，此时，当前日期已插入 Word 文档中，如下图所示。

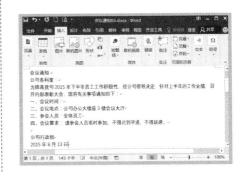

Step04 在文本"会议时间："之后输入会议时间，如下图所示。

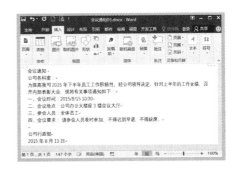

Step05 如果不希望输入的当前日期随系统的改变而改变，选中文本"2015 年 8 月 13 日"，则按【Ctrl+Shift+F9】组合键切断域的链接即可。

一点通

使用快捷键输入当前日期和时间

用户还可以使用快捷键输入当前日期和时间。按【Alt+Shift+D】组合键，即可输入当前的系统日期；按【Alt+Shift+T】组合键，即可输入当前的系统时间。

4．输入英文

在编辑文档的过程中，如果想要输入英文文本，则要先将输入法切换到英文状态，然后进行输入。输入英文文本的具体操作方法如下。

Step01 打开光盘文件\素材文件\第1课\"会议通知04.docx"，按【Shift】键将输入法切换到英文状态下，将光标定位在文本"办公大楼"之后，输入小写英文文本"b"，如下图所示。

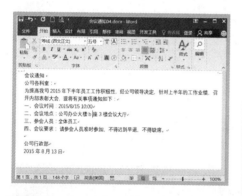

Step02 ❶ 如果要更改英文的大小写，则要先选择英文"b"，❷ 切换到"开始"选项卡，在"字体"功能组中单击"更改大小写"按钮，❸ 在弹出的下拉列表中选择"全部大写"选项，如下图所示。

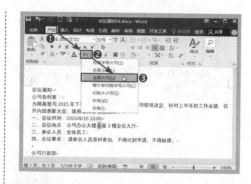

Step03 此时，英文小写文本"b"变成英文大写文本"B"，如下图所示。

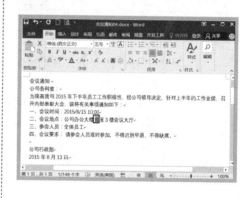

一点通

通过快捷键输入大写英文字母

用户也可以使用快捷键更改大小写，在键盘上按【Caps Lock】键（大写锁定键），然后按字母键即可输入大写字母，再次按【Caps Lock】键即可关闭大写。英文输入法中按【Shift】+字母键也可以输入大写。

1.2 文本的基本操作

文本的基本操作一般包括选择、复制、粘贴、剪切、删除及查找和替换文本等内容，接下来分别进行介绍。

1.2.1　选择文本

对 Word 文档中的文本进行编辑之前，首先应选择要编辑的文本。下面介绍几种使用鼠标和键盘选择文本的方法。

1．使用鼠标选择文本

用户可以使用鼠标选取单个字词、连续文本、分散文本、矩形文本、段落文本及整个文档等。

（1）选择单个字词

用户只需将光标定位在需要选择的字词开始的位置，然后按住鼠标左键不放拖到需要选择的字词的结束位置，释放鼠标即可。另外，在词语中的任何位置双击都可以选择该词语，例如选择词语"工作业绩"，此时被选择的文本会呈深灰色显示，如下图所示。

（2）选择连续文本

用户只需将光标定位在需要选择的文本开始的位置，然后按住鼠标左键不放拖到需要选择的文本的结束位置释放即可，如下图所示。

如果要选择超长文本，则用户只需将光标定位在需要选择的文本开始的位置，然后用滚动条代替光标向下移动文档，直到看到想要选择部分的结束处，按【Shift】键，然后单击要选择文本的结束处，这样从开始到结束处的这段文本内容就会全部被选中，如下图所示。

（3）选择段落文本

在要选择的段落中的任意位置三击鼠标左键即可选择整个段落文本，如下图所示。

（4）选择矩形文本

按【Alt】键，同时在文本上拖动鼠标即可选择矩形文本，如下图所示。

（5）选择分散文本

在 Word 文档中，首先使用拖动鼠标的方法选择一个文本，然后按【Ctrl】键，依次选择其他文本，即可选择任意数量的分散文本，如下图所示。

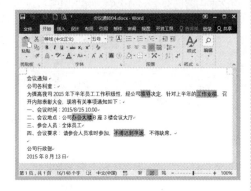

2．使用选中栏选择文本

所谓选中栏就是 Word 文档左侧的空白区域，当鼠标指针移到该空白区域时，便会呈"↗"形状显示。

（1）选择行

将鼠标指针移到要选中行左侧的选中栏中，然后单击，即可选择该行文本，如下图所示。

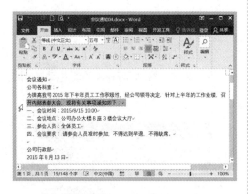

（2）选择段落

将鼠标指针移到要选中段落左侧的选中栏中，然后双击即可选择整段文本。

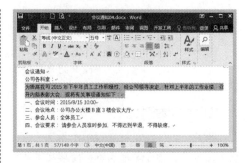

（3）选择整篇文档

将鼠标指针移到选中栏中，然后三击鼠标左键，即可选择整篇文档。

3．使用组合键选定文本

用户还可以使用组合键选择文本。在选择文本前，需要将光标定位在适当的位置，然后按照相应的组合键选定文本。

Word 2016 提供的组合键如下表所示。

快捷键	功　　能
Ctrl+A	选择整篇文档
Ctrl+Shift+Home	选择光标所在处到文档开始处的文本
Ctrl+Shift+End	选择光标所在处到文档结束处的文本
Alt+Ctrl+Shift+Page Up	选择光标所在处到本页开始处的文本
Alt+Ctrl+Shift+Page Down	选择光标所在处到本页结束处的文本
Shift+ ↑	向上选中一行
Shift+ ↓	向下选中一行
Shift+ ←	向左选中一个字符
Shift+ →	向右选中一个字符
Ctrl+Shift+ ←	选择光标所在处左侧的词语
Ctrl+Shift+ →	选择光标所在处右侧的词语

1.2.2　复制文本

复制也称为拷贝，指将文档中的一部分"拷贝"一份，然后放到其他位置，而所"拷贝"的内容仍按照原样保留在原位置。

复制文本的方法有以下几种。

1．Windows 剪贴板

剪贴板是 Windows 的一块临时存储区，用户可以在剪贴板上对文本进行复制、剪切或粘贴等操作。美中不足的是，剪贴板只能保留一份数据，每当新的数据传入，旧的数据便会被覆盖。

使用剪贴板复制文本的具体操作方法如下。

选择要复制的文本，右击，在弹出的快捷菜单中选择"复制"命令，如下图所示。

选择要复制的文本，切换到"开始"选项卡，在"剪贴板"功能组中单击"复制"按钮 📋，如下图所示。

用户也可以选择文本使用组合键进行复制，按【Ctrl+C】组合键即可。

2．使用鼠标左键拖动

将鼠标指针放在选中的文本上，按【Ctrl】键，同时按住鼠标左键将其拖动到目标位置，在此过程中鼠标指针右下方出现一个"+"号，如下图所示。

3．使用【Shift+F2】组合键

选中文本，按【Shift+F2】组合键，状态栏中将出现"复制到何处？"字样，单击放置复制对象的目标位置，然后按【Enter】键即可。

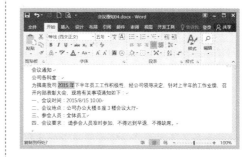

1.2.3　剪切文本

"剪切"是指把用户选中的信息放入剪贴板中，单击"粘贴"按钮后又会出现一份相同的信息，原来的信息会被系统自动删除。

常用的剪切文本的方法有以下几种。

1．使用右键菜单项

选中要剪切的文本，右击，在弹出的快捷菜单中选择"剪切"命令即可，如下图所示。

2．使用剪贴板

选中文本，切换到"开始"选项卡，在"剪贴板"功能组中单击"剪切"按钮，如下图所示。

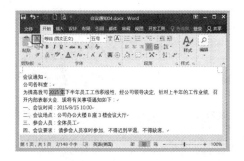

3．使用组合键

使用【Ctrl+X】组合键，也可以快速地剪切文本。

1.2.4　粘贴文本

复制或剪切文本以后，接下来即可进行粘贴。常用的粘贴文本的方法有以下几种。

1．使用右键菜单项

复制或剪切文本以后，只需在目标位置右击，在弹出的快捷菜单中选择"粘贴选项"中任意的一个选项即可，如下图所示。

2．使用剪贴板

复制文本以后，切换到"开始"选项卡，在"剪贴板"功能组中单击"粘贴"下拉按钮，在弹出的下拉列表中选择"粘贴选项"中任意的一个选项即可，如下图所示。

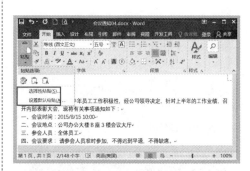

3．使用组合键

使用【Ctrl+V】组合键，可以快速地粘贴文本。

1.2.5　查找和替换文本

在编辑文档的过程中，用户有时要查找并替换某些字词。使用 Word 2016 强大的查找和替换功能可以节约大量时间。

查找和替换文本的具体操作方法如下。

Step01 打开光盘文件 \ 素材文件 \ 第 1 课 \ "会议通知 05.docx"，按【Ctrl+F】键，弹出"导航"窗格，在查找文本框中输入"行政部"，即可在导航窗格中显示该文本所在的位置，同时文档中的文本"行政部"以黄色底纹显示，如下图所示。

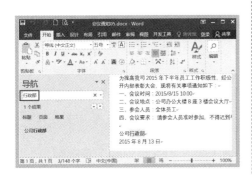

Step02 ❶ 如果用户想要替换相关的文本，则可以按【Ctrl+H】组合键，弹出"查找和替换"对话框，自动切换到"替换"选项卡，在"替换为"文本框中输入"人力资源部"，❷ 然后单击 全部替换(A) 按钮，如下图所示。

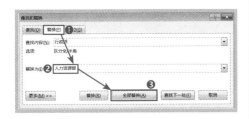

Step03 弹出"Microsoft Word"提示对话框，提示用户"全部完成。完成 1 处替换"，单击 确定 按钮，如下图所示。

Step04 返回"查找和替换"对话框，单击 关闭 按钮，返回 Word 文档中，替换效果如下图所示。

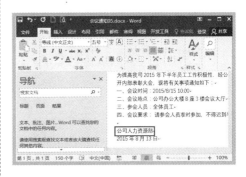

1.2.6　改写和删除文本

1．改写文本

选中要修改的文本，然后输入需要的文本，此时新输入的文本会自动替换选中的文本。

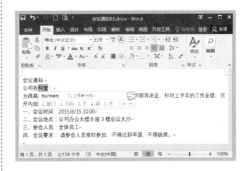

2．删除文本

用户可以使用快捷键删除不需要的文本，快捷键如下表所示。

快　捷　键	功　　能
Backspace	向左删除一个字符
Delete	向右删除一个字符
Ctrl+Backspace	向左删除一个字词
Ctrl+Delete	向右删除一个字词
Ctrl+Z	撤销上一个操作
Ctrl+Y	恢复上一个操作

1.3　文档视图

Word 2016 提供了多种视图模式供用户选择，包括"页面视图"、"阅读视图"、"Web 版式视图"、"大纲视图"和"草稿"视图 5 种视图模式。

● 1.3.1　页面视图

"页面视图"可以显示 Word 2016 文档的打印结果外观，主要包括页眉、页脚、图形对象、分栏设置、页面边距等元素，是最接近打印结果的视图模式。"页面视图"是 Word 文档默认的文档视图方式。

打开光盘文件 \ 素材文件 \ 第 1 课 \ "会议通知 06.docx"，切换到"视图"选项卡，在"视图"功能组中可以看到文档已经应用了"页面视图"，如下图所示。

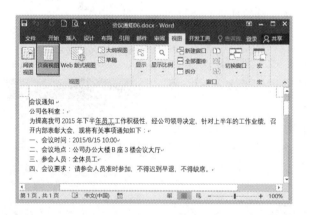

● 1.3.2　阅读视图

"阅读视图"下文档的功能区等窗口元素被隐藏起来。在阅读视图中，还可以通过菜单栏对其进行设置。

切换到阅读版式主要有两种方法：一是切换到"视图"选项卡，单击"视图"功能组中的

"阅读视图"按钮；二是单击视图功能区中的"阅读视图"按钮。

Step01 ❶ 打开光盘文件＼素材文件＼第 1 课＼"会议通知 06.docx"，切换到"视图"选项卡，❷ 在"文档视图"功能组中单击"阅读视图"按钮，如下图所示。

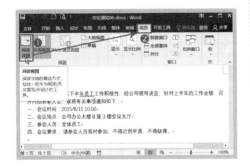

Step02 返回 Word 文档，阅读视图的效果如下图所示。

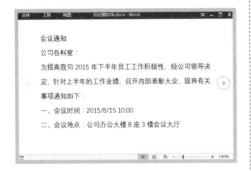

1.3.3　Web 版式视图

"Web 版式视图"以网页的形式显示 Word 2016 文档，适用于发送电子邮件和创建网页。

切换到"视图"选项卡，在"视图"功能组中单击"Web 版式视图"按钮，或者单击视图功能区中的"Web 版式视图"按钮，将文档的显示方式切换到"Web 版式视图"模式，如下图所示。

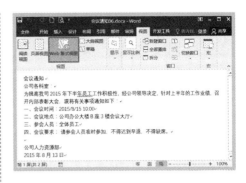

1.3.4　大纲视图

"大纲视图"主要用于文档结构的设置和浏览，使用"大纲视图"可以迅速了解文档的结构和内容梗概。

Step01 切换到"视图"选项卡，在"视图"功能组中单击"大纲视图"按钮，如下图所示。

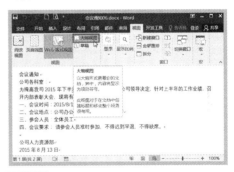

Step02 此时，即可将文档切换到"大纲视图"模式，同时在功能区中会显示"大纲"选项卡，如下图所示。

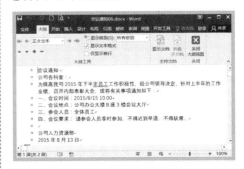

Step03 ❶ 在"大纲工具"功能组中单击"显示级别"右侧的下拉按钮 ，用户可以从弹出的下拉列表中为文档设置或修改大纲级别，❷ 设置完毕，单击【关闭大纲视图】按钮 ，自动返回进入大纲视图前的视图状态，如下图所示。

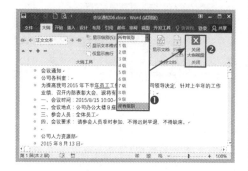

▶ 1.3.5 草稿视图

"草稿"取消了页面边距、分栏、页眉页脚和图片等元素，仅显示标题和正文，是最节省计算机系统硬件资源的视图方式。

切换到"视图"选项卡，在"视图"功能组中单击"草稿"按钮 草稿，将文档的视图方式切换到"草稿视图"模式下，效果如下图所示。

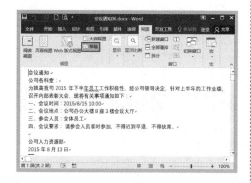

▶ 1.3.6 调整视图比例

在 Word 2016 文档窗口中可以设置页面显示比例，从而用以调整文档窗口的大小。显示比例仅仅调整文档窗口的显示大小，并不会影响实际的打印效果。

下面介绍调整视图比例的几种方法。

1．使用对话框调整

用户可以通过对话框精确调整视图比例，具体操作方法如下。

Step01 ❶ 打开光盘文件＼素材文件＼第 1 课＼"会议通知 06.docx"，切换到"视图"选项卡，❷ 在"显示比例"功能组中单击"显示比例"按钮 ，如下图所示。

Step02 ❶ 弹出"显示比例"对话框，在"显示比例"组合框中选中"页宽"单选按钮，在"百分比"微调框中输入具体数值，例如"90%"，❷ 设置完毕后，单击 确定 按钮，如下图所示。

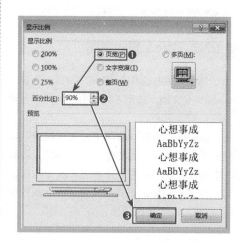

Step03 返回 Word 文档，最终效果如右图所示。

2．拖动滑块

用户可以根据需要，直接左右拖动"显示比例"滑块，调整文档的缩放比例，如左下图所示。

3．使用按钮

用户还可以直接单击"缩小"按钮 ➖ 或"放大"按钮 ➕，调整文档的缩放比例，如右下图所示。

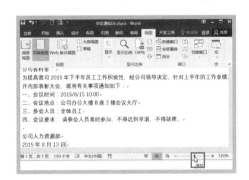 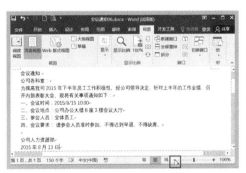

1.4　打印文档

文档编辑完成后，可以进行简单的页面设置，然后进行打印设置，如果对预览效果比较满意，即可实施打印。

1.4.1　页面设置

页面设置是指文档打印前对页面元素的设置，主要包括页边距、纸张大小和方向等内容。页面设置的具体操作方法如下。

1．设置页边距

用户可以设置文本的上、下、左侧和右侧与纸张边界之间的距离，以使文档更美观和清晰，更能满足用户的不同需求。

Step01 ❶ 打开光盘文件＼素材文件＼第1课＼"会议通知07.docx"，切换到"页面布局"选项卡，❷ 单击"页面设置"功能组中的"页边距"下拉按钮，❸ 弹出的下拉列表中列出了系统提供的5种页边距样式及用户上次自定义设置的页边距样式，在此选择"适中"选项，如下图所示。

Step02 返回 Word 文档，此时可以看到套用所选页边距样式之后的文档效果，如下图所示。

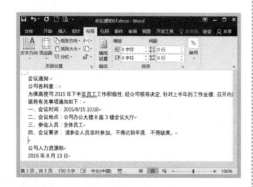

Step03 用户还可以自定义页边距，来满足不同文档的需要。单击"页面设置"功能组右下角的"对话框启动器"按钮 ⬛，如下图所示。

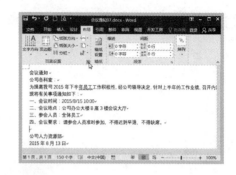

Step04 ❶ 弹出"页面设置"对话框，自动切换到"页边距"选项卡，❷ 在"页边距"组合框中的"上"、"下"、"左"、"右"微调框中调整页边距大小，❸ 设置完毕后，单击 确定 按钮，如下图所示。

2．设置纸张大小和方向

纸张的设置主要是设置纸张的大小和方向。系统默认的纸张大小为 A4，纸张方向为纵向，可以根据实际需要将页面设置为其他的纸型规格。纸张大小即纸型规格，主要包括 A4、A5、B5 和 16 开等多种规格；纸张方向即纸型的摆放方式，包括纵向和横向两种方式。设置纸张大小和方向的具体操作方法如下。

Step01　❶ 切换到"页面布局"选项卡，单击"页面设置"功能组中的 纸张大小▼ 按钮，❷ 弹出的下拉列表中列出了系统提供的多种纸型规格，选择"16 开（18.4 厘米 ×26 厘米）"选项，如下图所示。

Step02　❶ 纸张方向选择默认为纵向。如果用户想要更改纸张方向，则可以在"页面设置"功能组中单击 纸张方向▼ 按钮，❷ 在弹出的下拉列表中选择"横向"选项即可，如下图所示。

Step03　此时可以看到设置纸张大小之后的效果，如下图所示。

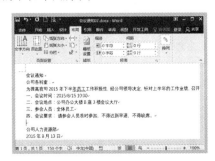

1.4.2　打印设置

页面设置完成后，可以通过预览来浏览打印效果，预览及打印的具体操作方法如下。

Step01　单击"自定义快速访问工具栏"的"打印预览和打印"按钮，如下图所示。

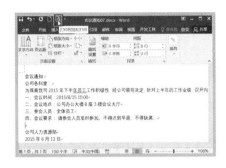

Step02　弹出"打印"界面，右侧显示了预览效果，如下图所示。

Step03　用户可以根据打印需要对相应选项进行设置。如果对预览效果比较满意，则即可单击"打印"按钮实施打印，如下图所示。

1.5 保护文档

如果要将文档送交别人审阅，就需要对文档的原稿内容进行保护，以防止数据的丢失，避免因他人无意中修改信息而影响数据的有效性。

1.5.1 设置只读文档

"只读文档"是指开启的文档只能阅读，无法被修改。若文档为只读文档，会在文档的标题栏上显示[只读]字样。设置只读文档的方法主要有标记为最终状态和使用常规选项设置两种。

1．标记为最终状态

将文档标记为最终状态，可以让读者知晓文档是最终版本，是只读文档。

将文档标记为最终状态的具体操作方法如下。

Step01 ❶ 打开光盘文件\素材文件\第1课\"会议通知08.docx"，单击 文件 按钮，弹出"信息"界面，单击"保护文档"下拉按钮 🔽，❷ 在弹出的下拉列表中选择"标记为最终状态"选项，如下图所示。

Step02 弹出"Microsoft Word"提示对话框，并提示用户"此文档将先被标记为终稿，然后保存。"，单击 确定 按钮，如下图所示。

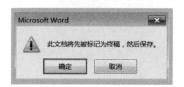

Step03 弹出"Microsoft Word"提示对话框，并提示用户"此文档已被标记为最终状态"……，单击 确定 按钮，如下图所示。

Step04 再次启动该文档时，弹出提示框，提示用户"作者已将此文档标记为最终版本以防止编辑。"，此时文档的标题栏上显示"[只读]"，且文档为阅读模式，如果要编辑文档，则单击 仍然编辑 按钮即可，如下图所示。

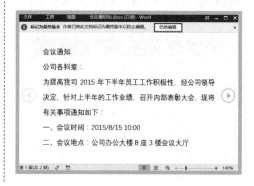

2．使用常规选项

使用常规选项设置只读文档的具体操作方法如下。

Step01　❶ 打开光盘文件 \ 素材文件 \ 第 1 课 \ "会议通知 08.docx"，单击 文件 按钮，在弹出的界面中选择"另存为"选项，❷ 弹出"另存为"界面，单击"浏览"按钮，如下图所示。

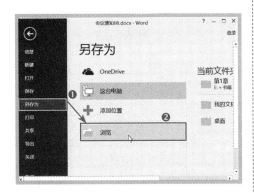

Step02　弹出"另存为"对话框，单击 工具(L) 按钮，在弹出的下拉列表中选择"常规选项"选项，如下图所示。

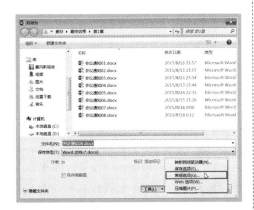

Step03　❶ 弹出"常规选项"对话框，选中"建议以只读方式打开文档"复选框，❷ 单击 确定 按钮，如下图所示。

Step04　返回"另存为"对话框，单击 保存(S) 按钮即可。再次启动该文档时将弹出"Microsoft Word"提示对话框，并提示用户"……是否以只读方式打开？"，单击 是(Y) 按钮，如下图所示。

Step05　启动 Word 文档，此时该文档处于"[只读]"状态。

🌐 1.5.2　设置加密文档

在日常办公中，为了保证文档安全，用户经常会为文档设置加密。设置加密文档的具体操作方法如下。

Step01 ❶ 打开光盘文件\素材文件\第1课\"会议通知08.docx"，单击 文件 按钮，在弹出的"信息"界面中单击"保护文档"下拉按钮▼，❷ 在弹出的下拉列表中选择"用密码进行加密"选项，如下图所示。

Step02 ❶ 弹出"加密文档"对话框，在"密码"文本框中输入"123"，❷ 单击 确定 按钮，如下图所示。

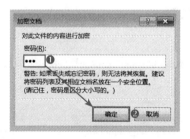

Step03 ❶ 弹出"确认密码"对话框，在"重新输入密码"文本框中输入"123"，❷ 单击 确定 按钮，如下图所示。

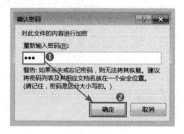

Step04 ❶ 再次启动该文档时会弹出"密码"对话框，在"请键入打开文件所需的密码"文本框中输入密码"123"，❷ 单击 确定 按钮即可打开 Word 文档，如下图所示。

🔘 1.5.3 启动强制保护

用户还可以通过设置文档的编辑权限，启动文档的强制保护功能等方法来保护文档的内容不被修改，具体的操作方法如下。

Step01 ❶ 打开光盘文件\素材文件\第1课\"会议通知08.docx"，单击 文件 按钮，在弹出的"信息"界面中单击"保护文档"下拉按钮▼，❷ 在弹出的下拉列表中选择"限制编辑"选项，如下图所示。

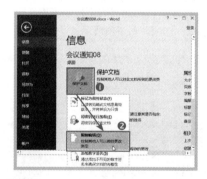

Step02 ❶ 打开"限制编辑"窗格，在"编辑限制"组合框中选中"仅允许在文档中进行此类型的编辑"复选框，在其下方的下拉列表中默认选择"不允许任何更改（只读）"选项，❷ 单击 是，启动强制保护 按钮，如下图所示。

Step03 ❶ 弹出"启动强制保护"对话框，在"新密码"和"确认新密码"文本框中都输入"123"❷ 单击 确定 按钮，如下图所示。

Step04 返回 Word 文档中，此时，文档处于保护状态，如下图所示。

一点通

打开"限制编辑"窗格的方法

用户也可以切换到"审阅"选项卡，在"保护"功能组中单击"限制编辑"按钮，同样可以弹出"限制编辑"窗格。

Step05 如果用户要取消强制保护，单击 停止保护 按钮，弹出"取消保护文档"对话框，在"密码"文本框中输入"123"，然后单击 确定 按钮即可，如下图所示。

学习问答 (9：15 ~ 9：30)

疑问 1：如何使用 Word 2003 版本打开 Word 2016 文档？

答：为了使在 Word 2016 中创建的 Word 文档能够在 Word 2003 版本中打开，用户可以将 Word 2016 文档转换成 Word 2003 文档，具体操作方法如下。

Step01 ❶ 打开 Word 文档，单击 文件 按钮，在弹出的界面中选择"另存为"选项，❷ 在弹出的"另存为"界面中选择"浏览"选项，如下图所示。

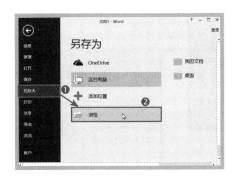

Step02 ❶ 弹出"另存为"对话框，在"保存类型"下拉列表中选择"Word 97-2003 文档（*.doc）"选项，❷ 单击 保存(S) 按钮。此时已经将 Word 2016 文档转换为 Word 2003 版本，如下图所示。

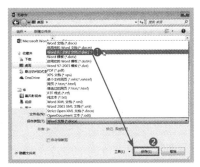

疑问 2：如何快速打开最近使用过的文档？

答：如果用户想要查看最近使用过的文档或者对其进行修改，首先要设置显示最近使用文档的个数，具体操作方法如下。

Step01 ❶ 打开"Word 选项"对话框，切换到"高级"选项卡中，❷ 在"显示"组合框的"显示此数目的"最近使用的文档""微调框中输入想要显示的最近使用文档的个数，例如"3"，❸ 设置完毕单击 确定 按钮，如下图所示。

Step02 ❶ 在文档中单击 文件 按钮，在弹出的界面中选择"打开"选项，❷ 弹出"打开"界面，在右侧显示了最近使用的文档，选择需要打开的文档，双击即可打开，如下图所示。

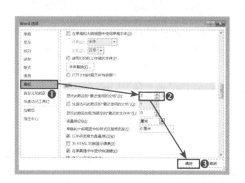
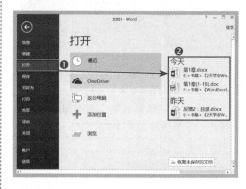

疑问 3：如何擦除文档历史记录？

答：Word 2016 具有保存使用过的文档记录的功能，该功能方便用户快速打开一些经常使用的文档，但是如果文档过多，也会带来麻烦，下面介绍如何擦除文档历史记录。

要清除使用过的文档记录的具体操作方法如下。

Step01 ❶ 在文档中单击 文件 按钮，在弹出的界面中选择"打开"选项，❷ 在右侧选择"最近"使用的文档选项，如下图所示。

Step02 在"最近"使用的文档组合框中选择要删除的文档，右击，在弹出的快捷菜单中选择"从列表中删除"选项，如下图所示。

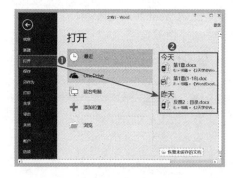

一点通

一次性全部清除文档记录的方法

如果需要将文档全部清除，则在"最近"使用的文档组合框中选择任意文档，右击，在弹出的快捷菜单中选择"清除已取消固定的文档"命令即可。

过关练习 (9:30 ~ 10:00)

通过前面内容的学习，结合相关知识，请读者亲自动手按照要求完成以下过关练习。

练习一：使用文档模板制作传单

使用文档模板制作公司传单的具体操作方法如下。

Step01 启动 Word 2016，单击 `文件` 按钮，在弹出的界面中选择"新建"选项，如下图所示。

Step02 弹出"新建"界面，在"搜索联机模板"搜索框中下方选择合适的模板类型，例如"商业传单"，如下图所示。

Step03 在弹出的预览界面中单击"创建"按钮，如下图所示。

Step04 即可新建一个"文档 2"，并应用在"商业传单"模板中，如下图所示。

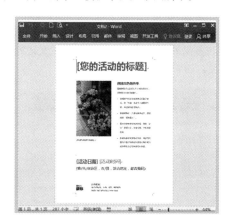

练习二：制作会议流程

会议流程要力求做到自然、流畅，良好的会议流程可以有效地提高企业行政管理的水平。好的流程，可以根据客户要求，灵活掌握会议规模和费用，为企业的管理决策提供整体的策划。使用本章中介绍的 Word 2016 的基本操作，可以帮助办公人员轻松完成会议流程的制作。

下面将介绍制作会议流程的方法，具体操作方法如下。

Step01 启动 Word 2016，创建一个空白文档，并重命名为"会议流程"，如下图所示。

Step02 按照上述介绍的方法输入"会议流程"的文本内容，如下图所示。

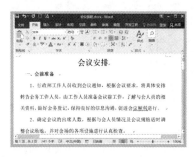

Step03 ❶ 切换到"布局"选项卡，❷ 在"页面设置"功能组中单击"页边距"按钮，❸ 在弹出的下拉列表中选择"自定义边距"选项，如下图所示。

Step04 ❶ 弹出"页面设置"对话框，在"页边距"组合框中将"上"和"下"调整为"2.4厘米"；将"左"和"右"调整为"3.2厘米"，❷ 设置完成后，单击 确定 按钮，如下图所示。

Step05 ❶ 单击 文件 按钮，在弹出的界面中选择"打印"选项，❷ 弹出"打印"界面，在"打印"组合框中的"份数"微调框中输入要打印的份数，例如"2"，如下图所示。

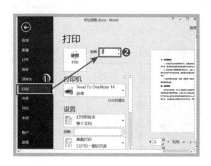

Step06 设置完成后，单击"打印"按钮 即可，至此，会议流程文档就制作并打印出来。

学习小结

　　本课主要介绍了关于文档的基本操作，包括新建、保存、编辑、审阅、打印及保护等。了解了这些基本知识，可以帮助读者轻松入门，为以后的 Word 学习打下坚实的基础。

学习笔记

第2课
Word 2016 文档格式的设置与美化

　　编辑完 Word 文档之后，用户可以对其进行美化。主要包括设置字体格式、设置段落格式、使用样式及主题、设置页面背景、插入并编辑目录、插入页眉和页脚等操作。通过对 Word 文档格式的设置与美化设置，使文档看起来更加美观。

 学习建议与计划

时间安排：（10:30 ～ 12:00）

第一天 上午

🎤 知识精讲（10:30 ～ 11:15）
- ☆ 设置字体格式
- ☆ 设置段落格式
- ☆ 使用样式及主题
- ☆ 设置页面背景
- ☆ 插入并编辑目录
- ☆ 插入页眉和页脚

👤 学习问答（11:15 ～ 11:30）

📝 过关练习（11:30 ～ 12:00）

2.1　设置字体格式

设置字体格式不仅可以使文档层次分明，重点突出，而且还可以增加文档的视觉效果，使文档更加美观大方。设置字体格式主要包括设置字体、字号、加粗等操作。

2.1.1　设置字体和字号

要使文档中的文字更便于阅读，就需要对文档中文本的字体和字号进行设置，以区分各种不同级别的文本。

在 Word 2016 中，可以使用 3 种方法设置字体和字号，分别是使用浮动工具栏、使用"字体"功能组和使用对话框。

1．使用浮动工具栏

使用浮动工具栏设置字体和字号格式的具体操作方法如下。

Step01 打开光盘文件＼素材文件＼第 2 课＼"公司员工规章制度 01.docx"，选中文本"公司员工规章制度"，此时，即可在文本的上方出现一个半透明的浮动工具栏，将鼠标指针移到该工具栏上即可将其显示出来，如下图所示。

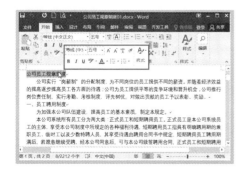

Step02 在浮动工具栏的"字体"下拉列表

中选择"微软雅黑"选项，如下图所示。

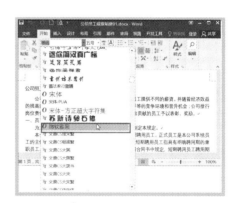

Step03 在浮动工具栏中的"字号"下拉列表中选择"二号"选项，如下图所示。

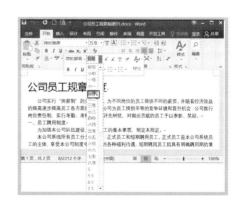

Step04 单击所选文本之外的任意位置，即可退出浮动工具栏，此时文本"公司员工规章制度"的设置效果如下图所示。

2．使用"字体"功能组

使用"字体"功能组设置字体和字号的具体操作方法如下。

Step01 选中要设置字体的文本，切换到"开始"选项卡，在"字体"功能组的"字体"下拉列表中选择"黑体"选项，如下图所示。

Step02 在"字体"功能组的"字号"下拉列表中选择"四号"选项，此时即可通过Word 2016的实时预览功能看到设置效果，如下图所示。

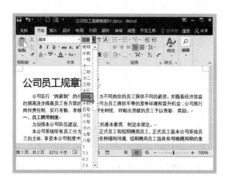

3．使用对话框

使用对话框设置所选文本的字体和字号的具体操作方法如下。

Step01 选中文本，切换到"开始"选项卡，单击"字体"功能组右下角的"对话框启动器"按钮，如下图所示。

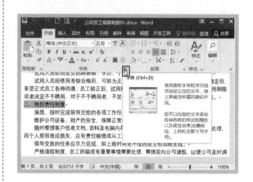

Step02 ❶ 弹出"字体"对话框，自动切换到"字体"选项卡，在"中文字体"下拉列表中选择"黑体"选项，在"西文字体"下拉列表中选择"（使用中文字体）"选项，❷ 在"字号"下拉列表中选择"四号"选项，此时即可在"预览"框中看到设置的效果，❸ 单击 确定 按钮，如下图所示。

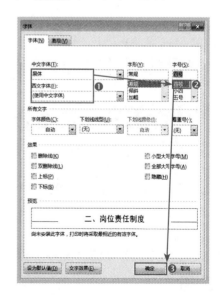

Step03 返回 Word 文档，使用相同的方法设置其他文本的字体和字号，设置效果如下图所示。

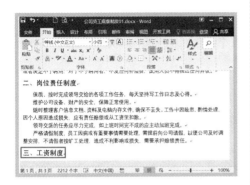

小提示

格式刷的妙用

格式刷是将 Word 中选定文本的格式复制到另一段文本上面去，使另一段文本拥有和选定文本相同的格式属性，首选需要选定要复制格式所在的文字，可以是段落格式也可以是文本格式。

如果多个文本需要设置为同一格式，则用户只需设置一个文本的字体格式，然后双击"剪贴板"功能组中的"格式刷"按钮，即可快速复制到其他文本。

🔘 2.1.2　设置加粗效果

不同的文本字符有着不同的重要性，除了能用字体和字号区分外，还可以为特殊文本设置加粗效果显示。

设置加粗效果的具体操作方法主要有以下几种。

1．使用快捷键

用户可以使用快捷键【Ctrl+B】对所选文本设置加粗显示效果。

2．使用浮动工具栏

打开光盘文件 \ 素材文件 \ 第 2 课 \ "公司员工规章制度 02.docx"，选中要加粗显示的文本，在显现的浮动工具栏上单击"加粗"按钮 B，如下图所示。

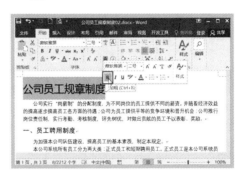

3．使用"字体"功能组

选中要加粗显示的文本，在"开始"选项卡的"字体"功能组中单击"加粗"按钮 B，如下图所示。

4．使用对话框

❶选中要加粗显示的文本，打开"字体"对话框，自动切换到"字体"选项卡，在"字形"下拉列表中选择"加粗"选项，在下方的"预览"组合框中即可看到设置的效果，❷ 单击 确定 按钮，如下图所示。

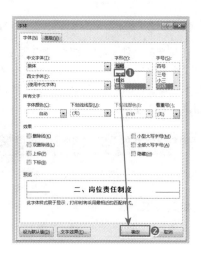

🔖 **一点通**

怎么样取消加粗效果

用户如果想要取消文本的加粗效果，则只需再次单击"字体"功能组中的"加粗"按钮 **B** 即可。

2.1.3 设置字符间距

　　用户可以根据实际需要设置字符间距。字符间距主要是指文档中字符之间的距离，主要分为标准、加宽和缩进 3 种类型。

　　设置字符间距具体操作方法如下。

Step01　❶ 打开光盘文件＼素材文件＼第 2 课＼"公司员工规章制度 03.docx"，选中标题"公司员工规章制度"，❷ 单击"开始"选项卡的"字体"功能组中的"对话框启动器"按钮 **⌐**，如下图所示。

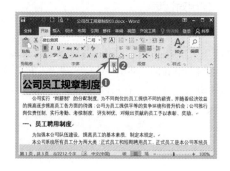

Step02　❶ 弹出"字体"对话框，切换到"高级"选项卡，❷ 在"字符间距"组合框的"间距"下拉列表中选择"加宽"选项，❸ 在"磅值"微调框中输入"2.5 磅"，在下方的"预览"组合框中可以看到设置的效果，❹ 设置完毕单击 **确定** 按钮，如下图所示。

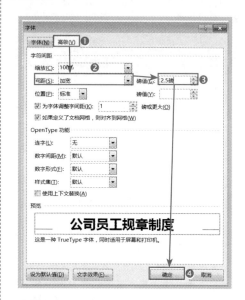

Step03　返回 Word 文档，此时文档标题的字符间距设置效果如下图所示。

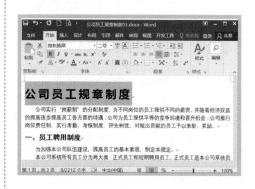

2.2 设置段落格式

除了设置文档的字体格式之外，还可以设置段落格式，以使文档的层次更加鲜明，重点更加突出，进而美化文档。

2.2.1 设置对齐方式

对齐方式是段落内容在文档的左右边界之间的横向排列方式。Word 2016 共有 5 种对齐方式。

5 种对齐方式的说明如下表所示。

对齐方式	说 明
左对齐	将文字左对齐，使页面的左侧具有整齐的边缘
居中	将文字居中对齐，使页面两侧文字整齐地向中间集中
右对齐	将文字右对齐，使页面的右侧具有整齐的边缘
两端对齐	将文字左右两端同时对齐，使在页面左右两侧形成整齐的外观
分散对齐	使段落两端同时对齐，并根据需要增加字符间距

对齐方式设置和字体格式设置相同，既可以使用"段落"功能组实现，也可以通过对话框来完成。

1．使用"段落"功能组

单击"段落"功能组中的"对齐方式"按钮可以快速设置对齐方式。具体操作方法如下。

Step01 ❶ 打开光盘文件\素材文件\第 2 课\"公司员工规章制度 04.docx"，选中标题"公司员工规章制度"，❷ 在"段落"功能组中单击"居中"按钮，如下图所示。

Step02 标题的设置效果如下图所示。

2．使用对话框

用户还可以使用对话框设置段落的对齐方式。具体操作方法如下。

Step01 选中文本，在"开始"选项卡的"段落"功能组中单击"对话框启动器"按钮，如下图所示。

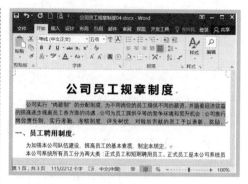

Step02 ❶ 弹出"段落"对话框，自动切换到"缩进和间距"选项卡，在"常规"组合框的"对齐方式"下拉列表中选择"分散对齐"选项，❷ 单击 [确定] 按钮即可，如下图所示。

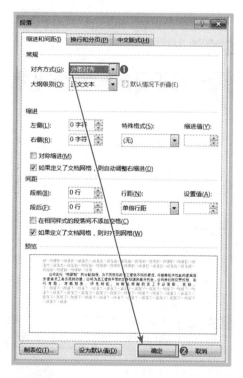

Step03 返回 Word 文档中，此时可以看到所选文字的对齐方式已经产生了变化，如下图所示。

● 2.2.2 设置段落缩进

通过设置段落缩进，可以调整 Word 2016 文档正文内容与页边距之间的距离。

用户可以使用"段落"功能组、对话框或标尺设置段落缩进。

1.使用"段落"功能组

使用"段落"功能组设置段落缩进的具体操作方法如下。

Step01 ❶ 打开光盘文件\素材文件\第 2 课\"公司员工规章制度 05.docx"，选中文本"一、员工聘用制度"，❷ 在"开始"选项卡的"段落"功能组中单击"增加缩进量"按钮，如下图所示。

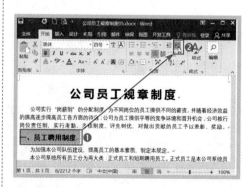

Step02 增加缩进量的效果如下图所示。

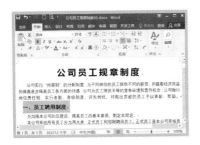

2．使用对话框

使用对话框设置段落缩进的具体操作方法如下。

Step01　选中文本"二、岗位责任制度"，单击"段落"功能组中的"对话框启动器"按钮，如下图所示。

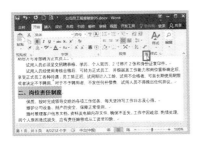

Step02　❶ 弹出"段落"对话框，自动切换到"缩进和间距"选项卡，在"缩进"组合框的"特殊格式"下拉列表中选择"首行缩进"，❷ 在右侧的"磅值"微调框输入"1字符"，❸ 设置完毕后，单击　确定　按钮，如下图所示。

Step03　首行缩进一个字符后的效果如下图所示。

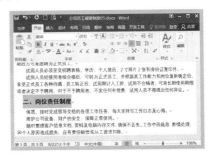

3．使用标尺

用户可以根据实际的需要直接拖动标尺进行缩进设置。在水平标尺上，有 3 个段落缩进滑块：首行缩进、左缩进和右缩进。按住左键拖动它们即可完成相应的缩进，如果要精确缩进，可在拖动的同时按住【Alt】键，此时标尺上会出现刻度。具体操作方法如下。

Step01　❶ 切换到"视图"选项卡，❷ 在"显示"功能组中选中"标尺"复选框，如下图所示。

Step02　此时显示出标尺，选中要设置缩进的文字段落，拖动"左缩进"滑块，向右拖动一个字符，如下图所示。

Step03 释放左键，所选段落都向右移动了一个字符，如下图所示。

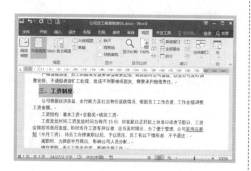

● 2.2.3 设置间距

段落间距的设置包括段落前、后间距和行间距的设置。通过设置间距可以使文档条理清晰，版面美观大方。

设置间距的方法主要有使用"段落"功能组和使用对话框两种方法。

1．使用"段落"功能组

Step01 ❶ 打开光盘文件\素材文件\第2课\"公司员工规章制度06.docx"，选中第一段文本，切换到"开始"选项卡，❷ 在"段落"功能组中单击"行和段落间距"按钮 ≣▾，❸ 在弹出的下拉列表中选择"1.15"选项。如下图所示。

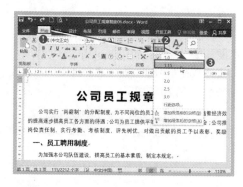

Step02 设置行和段落间距后的效果如下图所示。

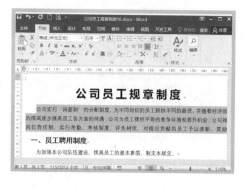

2．使用对话框

使用对话框设置行和段落间距的具体操作方法如下。

Step01 ❶ 选中文档中所有的一级标题，打开"段落"对话框，自动切换到"缩进和间距"选项卡，❷ 在"间距"组合框的"段前"微调框中输入"0.5行"，在"段后"微调框中输入"0.5行"，❸ 在"行距"下拉列表中选择"1.5倍行距"选项。❹ 设置完成后，单击 确定 按钮，如下图所示。

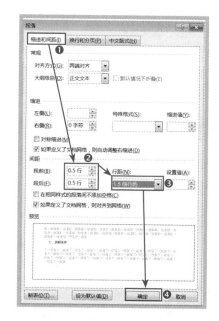

Step02 一级标题的行和段落间距的设置效果如下图所示。

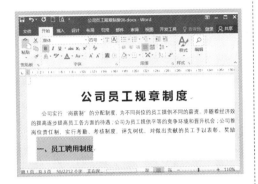

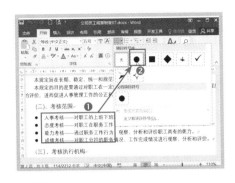

一点通

通过布局选项卡设置段落缩进和间距

用户还可以切换到"布局"选项卡，在"段落"功能组中设置缩进和行距。

2.2.4　项目符号和编号

使用项目符号和编号可以使文档内容更加醒目，条理更加清晰。Word 2016 具有自动添加项目符号和编号的功能，也可以根据需要手动创建。

添加项目符号和编号的主要方法包括使用"段落"功能组和使用浮动工具栏。

1．使用"段落"功能组

使用"段落"功能组添加项目符号的具体操作步骤如下。

Step01 ❶打开光盘文件\素材文件\第2 课\"公司员工规章制度07.docx"，选中需要添加项目符号的文本内容，❷ 在"开始"选项卡的"段落"功能组中单击"项目符号"按钮右侧的下拉按钮，在弹出的下拉列表中选择所需的项目符号，如下图所示。

Step02 添加项目符号后的文档效果如下图所示。

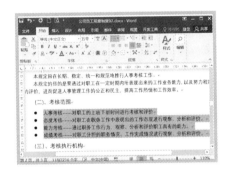

2．使用浮动工具栏

使用浮动工具栏添加编号的具体操作方法如下。

Step01 ❶ 选中需要编号的文本内容，单击浮动工具栏中的"编号"按钮右侧的下拉按钮，❷ 在弹出的下拉列表中选择一种合适的编号样式，如下图所示。

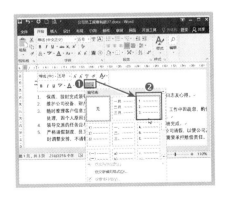

Step02 应用所选编号样式后的文档效果如下图所示。

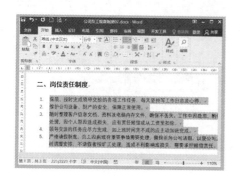

🔘 2.2.5　添加边框和底纹

在文档中，为了突出显示某些文本和美化版面，可以为其添加边框和底纹。

1．添加边框

Word 提供了各种现成的和自定义的边框，用户可以根据实际需要自主添加。添加边框的具体操作方法如下。

Step01 ❶ 打开光盘文件＼素材文件＼第2课＼"公司员工规章制度08.docx"，选中需要添加边框的文本内容，❷ 在"开始"选项卡的"段落"功能组中单击"边框"按钮右侧的下拉按钮，❸ 在弹出的下拉列表中选择"外侧框线"选项，如下图所示。

Step02 为所选文档添加边框之后的效果如下图所示。

2．添加底纹

添加底纹的目的是为了使内容更加醒目突出。添加底纹的具体操作方法如下。

Step01 ❶ 选定要添加底纹的段落，在"段落"功能组中单击"边框"按钮右侧的下拉按钮，❷ 在弹出的下拉列表中选择"边框和底纹"选项，如下图所示。

Step02 ❶ 弹出"边框和底纹"对话框，切换到"底纹"选项卡，❷ 在"填充"组合框的"颜色"下拉列表中选择"其他颜色"选项，如下图所示。

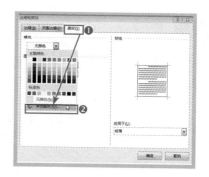

Step03　❶ 弹出"颜色"对话框，自动切换到"标准"选项卡，在"颜色"组合框中选择底纹的颜色，❷ 设置完毕，单击 确定 按钮，如下图所示。

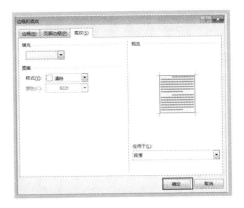

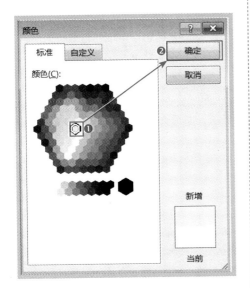

Step04　返回"边框和底纹"对话框，即可在"预览"组合框中看到底纹的添加效果，单击 确定 按钮，如下图所示。

Step05　返回文档中，即可看到底纹的添加效果如下图所示。

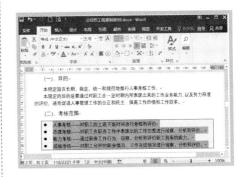

2.3　样式及主题

样式是指一组已经命名的字符和段落格式。在编辑文档的过程中，正确设置和使用样式可以极大地提高工作效率。

2.3.1　套用系统样式

Word 2016 自带了一个样式库，用户既可以套用内置样式设置文档格式，也可以根据需要更改样式。

1．使用样式库

Word 2016 系统提供了一个样式库，用户可以使用里面的样式设置文档格式。具体的操作方法如下。

Step01　❶ 打开光盘文件\素材文件\第 2 课\"公司员工规章制度 09.docx"，选中要使用样式的一级标题文本，切换到"开始"选项卡，单击"样式"功能组中的"样式"按钮，❷ 在弹出的"样式"下拉库中选择合适的样式，例如选择"标题 1"选项，如下图所示。

Step02 返回 Word 文档中，一级标题的设置效果如下图所示。

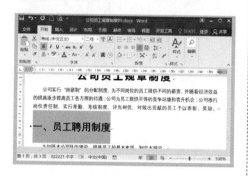

2．利用"样式"任务窗格

除了利用"样式"下拉库之外，用户还可以利用"样式"任务窗格应用内置样式。具体的操作方法如下。

Step01 ❶ 选中要使用样式的二级标题文本，❷ 切换到"开始"选项卡，单击"样式"功能组右下角的"对话框启动器"按钮，如下图所示。

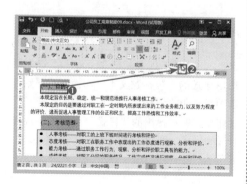

Step02 弹出"样式"任务窗格，单击右下角的 选项... 按钮，如下图所示。

Step03 弹出"样式窗格选项"对话框，在"选择要显示的样式"下拉列表中选择"所有样式"选项，如下图所示。

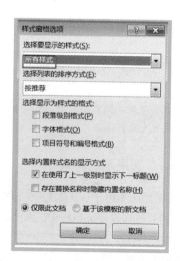

Step04 单击 确定 按钮，返回"样式"任务窗格，在"样式"列表框中选择"标题 2"选项，如下图所示。

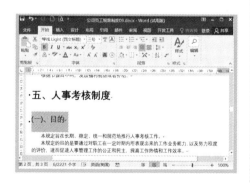

Step05 单击"样式"任务窗格右上角的"关闭"按钮 ✕ 关闭任务窗格，返回 Word 文档中，二级标题的设置效果如下图所示。

Step06 使用同样的方法，用户可以设置其他标题格式。

🌐 2.3.2　自定义样式

除了直接使用样式库中的样式外，用户还可以自定义新的样式或者修改原有样式。具体操作方法如下。

1．新建样式

在 Word 2016 的空白文档窗口中，用户可以新建一种全新的样式。例如新的文本样式、新的表格样式或者新的列表样式等。新建样式的具体步骤如下。

Step01 ❶ 打开光盘文件 \ 素材文件 \ 第 2 课 \ "公司员工规章制度 10.docx"，选中要新建样式的文本，❷ 切换到"开始"选项卡，单击"样式"功能组中的"对话框启动器"按钮 🔲，如下图所示。

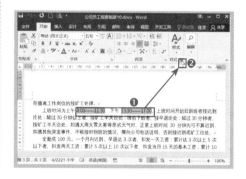

Step02 弹出"样式"任务窗格，单击"新建样式"按钮 🔳，如下图所示。

Step03 弹出"根据格式设置创建新样式"对话框，如下图所示。

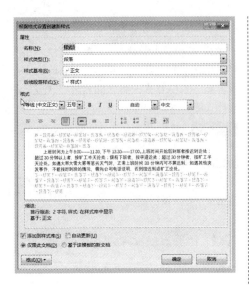

Step04 ❶ 在"属性"的"名称"文本框中输入新样式的名称"时间"，❷ 在"样式类型"下拉列表中选择"字符"选项，❸ 在"格式"组合框中单击"加粗"按钮 **B**，其他选项保持默认设置，如下图所示。

Step06 ❶ 弹出"字体"对话框，自动切换到"字体"选项卡，在"所有文字"组合框的"字体颜色"下拉列表中选择"红色"选项。❷ 设置完成后，单击 确定 按钮，如下图所示。

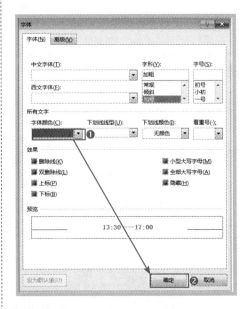

Step05 ❶ 单击 格式(Q)▾ 按钮，❷ 在弹出的下拉列表中选择"字体"选项，如下图所示。

Step07 返回"根据格式设置创建新样式"对话框中，其他选项保持默认，单击 确定 按钮，如下图所示。

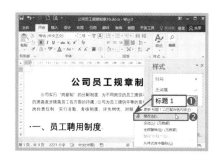

Step02 弹出"修改样式"对话框，标题 1 的具体样式如下图所示。

Step08 返回 Word 文档中，此时新建样式"时间"显示在"样式"任务窗格中，选中的文本自动应用了该样式，效果如下图所示。

2．修改样式

无论是 Word 2016 的内置样式，还是 Word 2016 的自定义样式，用户随时可以对其进行修改。在 Word 2016 中修改样式的具体操作方法如下。

Step01 ❶ 将光标定位到一级标题中，❷ 在"样式"任务窗格的"样式"列表中选择"标题 1"选项，右击，在弹出的快捷菜单中选择"修改"命令，如下图所示。

Step03 ❶ 单击 格式(O) 按钮，❷ 在弹出的下拉列表中选择"段落"选项，如下图所示。

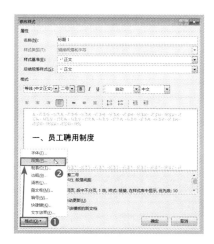

Step04 ❶ 弹出"段落"对话框，自动切换到"缩进和间距"选项卡，在"间距"组合框中的"段前"微调框中输入"12 磅"，在"段后"微调框中输入"6 磅"，❷ 在"行距"下拉列表中选择"2 倍行距"选项，其他设置保持不变，如下图所示。

Step05 单击 确定 按钮，返回"修改样式"对话框，可以在预览框下方看到修改的样式效果，如下图所示。

Step06 单击 确定 按钮返回 Word 文档中，此时文档中标题 1 格式的文本都自动应用了新的"标题 1"样式，如下图所示。

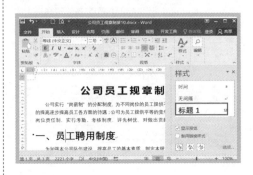

Step07 将鼠标指针移动到"样式"任务窗格中的"标题 1"选项上，此时即可查看一级标题的样式，如下图所示。

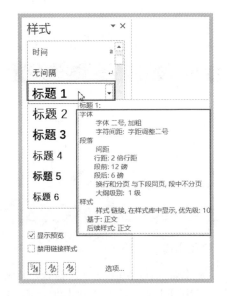

> **小提示**
>
> **什么是基于正文格式**
>
> "基于正文格式"的文本，是指以"正文格式"为基础，而进一步设定样式的文本或段落。

2.3.3　刷新样式

样式设置完成后，接下来即可刷新样式。刷新样式的方法主要包括使用鼠标和使用格式刷两种方法。

1．使用鼠标

单击鼠标左键可以在"样式"任务窗格中快速刷新样式。具体操作方法如下。

Step01 打开光盘文件 \ 素材文件 \ 第 2 课 \ "公司员工规章制度11.docx"，单击"样式"任务窗格中的按钮，如下图所示。

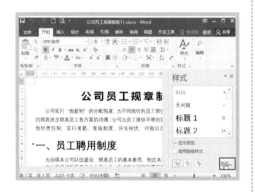

Step02 弹出"样式窗格选项"对话框，在"选择要显示的样式"下拉列表中选择"当前文档中的样式"选项，如下图所示。

Step03 单击 确定 按钮，返回"样式"任务窗格，此时"样式"任务窗格中只显示当前文档中用到的样式，便于用户刷新格式，如下图所示。

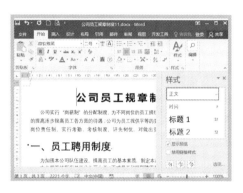

Step04 按下【Ctrl】键，同时选中所有要刷新的一级标题的文本，然后在"样式"列表框中选择"标题 1"选项，此时所有选中的一级标题的文本都应用了该样式，如下图所示。

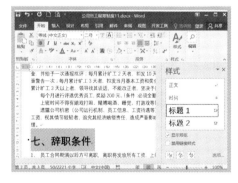

2．使用格式刷

除了使用鼠标刷新格式外，用户还可以使用剪贴板组中的"格式刷"按钮，复制一个位置的样式，然后将其应用到另一个位置。

Step01 在 Word 文档中，选中已经应用了"标题 2"样式的二级标题文本，然后切换到"开始"选项卡，单击"剪贴板"功能组中的"格式刷"按钮，如下图所示。

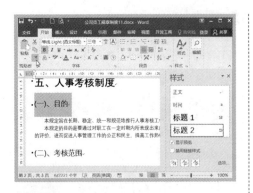

Step02 将鼠标指针移动到文档的编辑区域，此时鼠标指针变成 形状，如下图所示。

Step03 滑动鼠标滚轮或拖动文档中的垂直

滚动条，将鼠标指针移动到要刷新样式的文本段落上，然后单击，此时该文本段落就自动应用了格式刷复制的"标题2"样式，如下图所示。

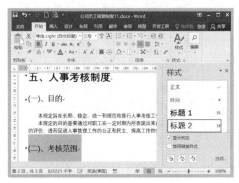

> **小提示**
>
> ### 什么是基于正文格式
>
> 如果用户要将多个文本段落刷新成同一样式，首先选中格式文本，其次双击"剪贴板"功能组中的"格式刷"按钮。再依次使用格式刷刷新样式，样式刷新完毕，最后单击"剪贴板"功能组中的"格式刷"按钮，即可结束刷新样式。

2.4 设置页面背景

用户可以为创建好的文档设置页面背景，美化版面。设置页面背景主要包括为页面添加水印、设置页面颜色和填充效果等。

● 2.4.1 添加水印

所谓水印是指在文档中添加某些信息以达到文件真伪鉴别、版权保护等功能。添加的水印信息隐藏于文档中，不影响原始文件的可观性和完整性。而所谓的添加水印就是把文字或图片信息衬于文字之下并设置其颜色使其看起来像水印。

1．添加水印

用户可以直接添加系统自带的水印，具体操作方法如下。

Step01 ❶ 打开光盘文件＼素材文件＼第2课＼"公司员工规章制度12.docx"，切换到"设计"选项卡，❷ 在"页面背景"功能组中单击"水印"按钮，❸ 在弹出的下拉列表中选择"机密1"选项，如下图所示。

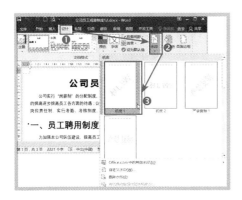

Step02 返回 Word 文档中，此时看到文章中已经添加了"机密"的水印标志，如下图所示。

Step03 ❶如果用户想要删除添加的水印，则只需要切换到"设计"选项卡，❷在"页面背景"功能组中单击"水印"按钮，❸在弹出的水印下拉列表中选择"删除水印"选项即可，如下图所示。

2．添加自定义水印

用户还可以根据实际的需要，通过自定义的方式添加自定义水印，具体操作方法如下。

Step01 ❶在"设计"选项卡的"页面背景"功能组中单击"水印"按钮，❷在弹出的水印下拉列表中选择"自定义水印"选项，如下图所示。

Step02 ❶弹出"水印"对话框，选中"图片水印"单选按钮，❷单击 选择图片(P)... 按钮，如下图所示。

Step03 ❶弹出"插入图片"对话框，在"必应图像搜索"文本框中输入"工作"，❷单击右侧的"搜索"按钮，如下图所示。

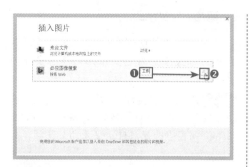

Step04 ❶在下方显示出关于"工作"的搜索结果，在其中选择需要添加为水印效果的图片，❷单击 插入 按钮，如下图所示。

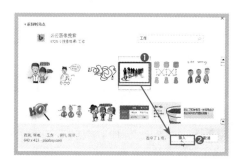

Step05 返回"水印"对话框中，其他选项保持默认设置，单击 确定 按钮，如下图所示。

Step06 此时已经将所选图片设置为水印，效果如下图所示。

2.4.2 设置页面颜色

页面背景颜色是指显示于 Word 文档最底层的颜色或图案，用于丰富文档的页面显示效果，页面颜色在打印时不会显示。

设置页面颜色的具体操作方法如下。

Step01 ❶打开光盘文件\素材文件\第2课\"公司员工规章制度13.docx"，切换到"设计"选项卡，❷在"页面背景"功能组中单击"页面颜色"按钮，❸在弹出的颜色面板中选择"主题颜色"或"标准颜色"中的特定颜色，例如选择"绿色，个性色6，淡色80%"选项，如下图所示。

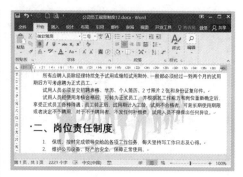

Step02 页面背景颜色的设置效果如下图所示。

Step03 如果"主题颜色"和"标准色"中显示的颜色依然无法满足用户的需要，还可以单击"页面背景"功能组中"页面颜色"按钮，在弹出的下拉列表中选择"其他颜色"选项，如下图所示。

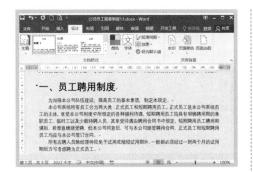

2.4.3　设置填充效果

在 Word 2016 文档窗口中使用单色的页面背景看起来似乎有些单调，并且很难呈现出让人眼前一亮的效果。用户可以为页面颜色设置其他填充效果，增加页面的层次感和美感，设置其他填充效果主要包括设置渐变、纹理、图案和图片效果。

Step04 ❶ 弹出"颜色"对话框，自动切换到"自定义"选项卡，在"颜色"组合框中选择合适的颜色，❷ 单击 确定 按钮，如下图所示。

1．填充渐变效果

填充渐变颜色既可以是单一的一种颜色和黑色或白色之间的渐变，也可以是一种颜色向另一种颜色的渐变。填充渐变效果的具体操作方法如下。

Step01 ❶ 打开光盘文件 \ 素材文件 \ 第 2 课 \ "公司员工规章制度 14.docx"，切换到"设计"选项卡，❷ 在"页面背景"功能组中单击"页面颜色"按钮，❸ 在弹出的页面颜色面板中选择"填充效果"选项，如下图所示。

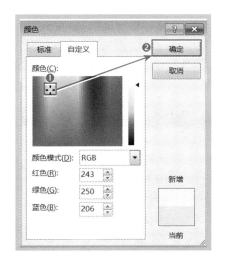

Step05 页面颜色的设置效果如下图所示。

Step02 ❶ 弹出"填充效果"对话框，切换到"渐变"选项卡，❷ 在"颜色"组合框中选中"双色"单选按钮，❸ 在"颜色1"下拉列表中选择合适的起始颜色，在"颜色2"下拉列表中选择合适的结束颜色，❹ 在"底纹样式"组合框中选中"斜上"单选按钮，在"变形"组合框中选择合适的选项，❺ 设置完成后，❻ 单击 确定 按钮，如下图所示。

2．填充纹理效果

除了渐变效果的填充，用户还可以填充纹理效果，填充纹理效果的具体操作方法如下。

Step01 ❶ 按照上述介绍的方法打开"填充效果"对话框，切换到"纹理"选项卡，❷ 在"纹理"列表框中选择"新闻纸"选项，❸ 单击 确定 按钮，如下图所示。

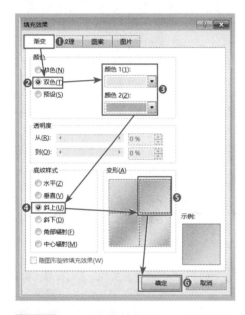

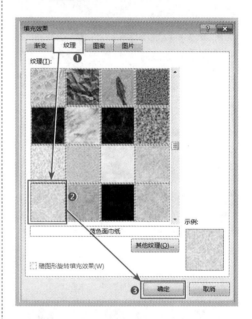

Step03 返回 Word 文档，即可看到设置双色渐变之后的效果，如下图所示。

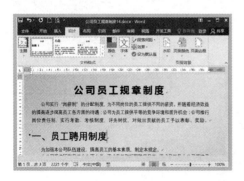

Step02 返回 Word 文档，即可看到填充的纹理效果，如下图所示。

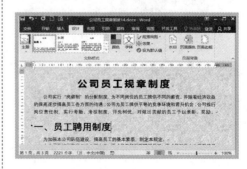

3．填充图案效果

系统提供了多种图案供用户填充背景颜色，填充图案效果的具体操作方法如下。

Step01 ❶ 在"填充效果"对话框中，切换到"图案"选项卡，❷ 在"前景"下拉列表中选择"白色，背景1"选项，在"背景"下拉列表中选择"浅绿"选项，❸ 在"图案"组合框中选择"40%"选项，❹ 设置完成后单击 确定 按钮，如下图所示。

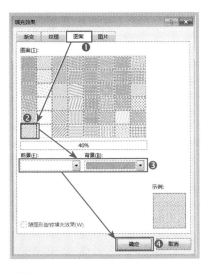

Step02 返回 Word 文档，即可看到填充好的图案效果，如下图所示。

4．填充图片效果

用户还可以填充图片作为背景颜色，填充图片效果的具体操作方法如下。

Step01 ❶ 按照前面介绍的方法打开"填充效果"对话框，切换到"图片"选项卡，❷ 单击 选择图片(L) 按钮，如下图所示。

Step02 弹出"插入图片"对话框，单击"来自文件"右侧的 浏览 按钮，如下图所示。

Step03 ❶ 弹出"选择图片"对话框，在左侧选择要插入图片的保存位置，然后选择"图片 01.jpg"选项，❷ 单击 插入(S) 按钮，如下图所示。

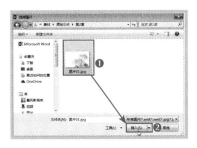

Step04 返回"填充效果"对话框，单击 确定 按钮，如下图所示。

Step05 返回 Word 文档，即可看到填充好的图片效果，如下图所示。

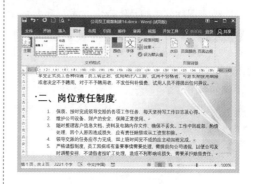

2.5 插入并编辑目录

在编辑篇幅较长的文档时，为了便于查看文档中的相关内容，往往需要在文档中插入目录，以使创建的文档层次鲜明，要点突出。

● 2.5.1 插入目录

在文档中创建目录的时候，系统会自动搜索文档中具有特定样式的标题，然后在指定的位置生成目录。Word 2016 为用户提供了大量的内置样式，用户可以利用这些内置样式自动生成目录。

Step01 ❶ 打开光盘文件\素材文件\第 2课\"公司员工规章制度 15.docx"，将光标定位到文档的首行，切换到"引用"选项卡，❷ 在"目录"功能组中单击"目录"按钮，❸ 在弹出的下拉列表中选择"自定义目录"选项，如下图所示。

Step02 ❶ 弹出"目录"对话框，自动切换到"目录"选项卡，在"格式"下拉列表中选择"来自模板"选项，在"显示级别"微调框中调整为"3"，❷ 设置完成后，单击 确定 按钮，如下图所示。

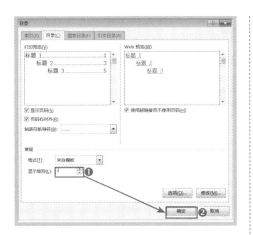

Step03 此时即可在文档的指定位置插入目录，效果如下图所示。

Step04 将鼠标指针置于目录中的某个标题文本上，即可在该标题上方显示出一个信息提示框，如下图所示。

Step05 按【Ctrl】键，此时鼠标指针变成

"🖑"形状，单击所要查看的内容的标题，即可立即转到该标题对应的内容中，如下图所示。

2.5.2　修改目录

修改目录的具体操作步骤如下。

Step01 ❶ 打开光盘文件\素材文件\第 2 课\"公司员工规章制度16.docx"，切换到"引用"选项卡，❷ 在"目录"功能组中单击"目录"按钮，❸ 在弹出的下拉列表中选择"自定义目录"选项，如下图所示。

Step02 弹出"目录"对话框，自动切换到"目录"选项卡，单击右下角的 修改(M) 按钮，如下图所示。

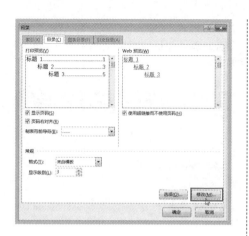

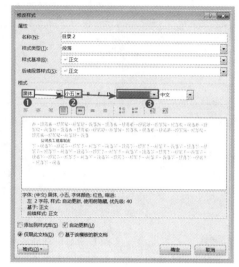

Step03 ❶弹出"样式"对话框，在"样式"列表框中选择要修改的目录，此处选择"目录2"选项，❷单击 修改(M)... 按钮，如下图所示。

Step05 设置完毕，单击 确定 按钮，返回"样式"对话框，在"预览"组合框中显示出样式的修改效果，如下图所示。

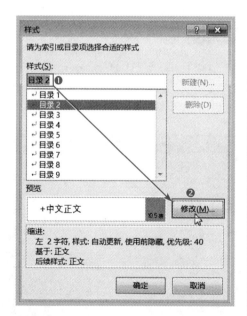

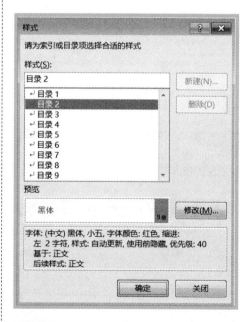

Step04 ❶弹出"修改样式"对话框，在"格式"组合框中的"字体"下拉列表中选择"黑体"选项，❷在"字号"下拉列表中选择"小五"选项，❸在"字体颜色"下拉列表中选择"红色"选项，如下图所示。

Step06 单击 确定 按钮返回"目录"对话框，此时在"打印预览"列表框中可以看到目录的设置效果，单击 确定 按钮，如下图所示。

Step07　弹出"Microsoft Word"提示对话框，提示用户"要替换此目录吗？"，单击 是(Y) 按钮，如下图所示。

Step08　此时返回 Word 文档中，修改目录后的效果如下图所示。

● 2.5.3　更新目录

在文档中插入目录之后，如果用户对文档内容进行了修改，使某个标题文本发生了变化，或者页码发生了变化，为了使目录与文档内容保持一致，则需要对目录进行更新。

更新目录的具体操作方法如下。

Step01　打开光盘文件＼素材文件＼第 2 课＼"公司员工规章制度 17.docx"，对文档中的二级标题进行适当的修改，如下图所示。

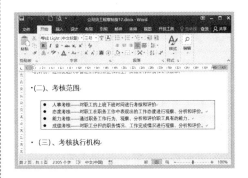

Step02　❶ 切换到"引用"选项卡，❷ 在"目录"功能组中单击 更新目录 按钮，如下图所示。

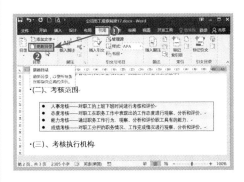

Step03　❶ 弹出"更新目录"对话框，选中"更新整个目录"单选按钮，❷ 单击 确定 按钮，如下图所示。

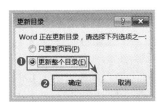

Step04 此时，即可看到更新目录后的效果，如右图所示。

2.6　插入页眉和页脚

为了使文档看起来美观大方，用户还可以在文档中插入分隔符、页眉和页脚、页码等。

◉ 2.6.1　插入分隔符

当文本或图形等内容填满一页时，Word 文档会自动插入一个分页符并开始新的一页。另外，用户还可以根据需要进行强制分页或分节。

分隔符在 Word 中的作用非常大，可以帮助用户将文档分隔成分节、分页、分栏等多种格式来标注文章。本节着重介绍分节符和分页符两种。

1．插入分节符

分节符是指为表示节的结尾插入的标记。分节符起着分隔其前面文本格式的作用，如果删除了某个分节符，它前面的文字会合并到后面的节中，并且采用后者的格式设置。插入分节符的具体操作方法如下。

Step01 ❶ 打开光盘文件＼素材文件＼第2课＼"公司员工规章制度18.docx"，将光标定位到目录之后，切换到"布局"选项卡，❷ 在"页面设置"功能组中单击"分隔符"按钮 ，❸ 在弹出的下拉列表中选择"下一页"选项，如下图所示。

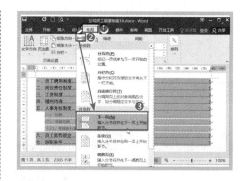

Step02 返回 Word 文档中，此时即可在文档中插入一个分节符，并且可以看到光标之后的文本自动切换到了下一页，如下图所示。

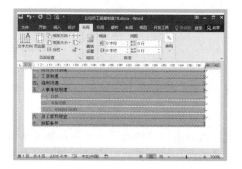

一点通

怎样显示分隔符

如果用户想要显示分隔符，只需切换到"开始"选项卡，在"段落"功能组中单击"显示 / 隐藏编辑标记"按钮 即可。

2．插入分页符

分页符是一种符号，显示在上一页结束及下一页开始的位置。插入分页符的方法主要有三种，具体操作方法如下。

（1）使用"布局"选项卡

将光标定位到需要分页的位置，切换到"布局"选项卡。在"页面设置"功能组中单击"分隔符"按钮 ，在弹出的下拉列表中选择"分页符"选项，如下图所示。

（2）使用"插入"选项卡

将光标定位到需要分页的位置，切换到"插入"选项卡，在"页面"功能组中单击"分页"按钮 ，如下图所示。

（3）使用快捷键

将光标定位到需要分页的位置，按下【Ctrl+Enter】组合键即可插入分页。

2.6.2　插入页眉和页脚

Word 2016 文档的页眉或页脚不仅支持文本内容，还可以在其中插入图片。例如可以在页眉或页脚中插入公司的 Logo、单位的徽标、个人的标识等图片。

页眉和页脚通常显示文档的附加信息，其中，页眉在页面的顶部，页脚在页面的底部。Word 2016 为用户提供了多种美观的内置页眉和页脚样式。此外，用户可还可以自定义页眉和页脚，具体的操作方法如下。

Step01 打开光盘文件\素材文件\第 2 课\"公司员工规章制度 19.docx"，在页眉或页脚处双击，此时页眉和页脚处于编辑状态，如下图所示。

Step02 ❶ 切换到"页眉和页脚工具"栏的"设计"选项卡，❷ 单击"页眉和页脚"功能组中的 页眉 按钮，❸ 在弹出的下拉列表中选择"奥斯汀"选项，如下图所示。

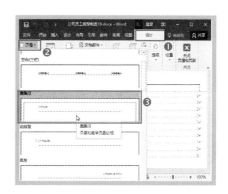

Step03 在页眉处插入的页眉样式如下图所示。

Step04 在"文档标题"处添加文本"员工规章制度"，如下图所示。

Step05 单击"导航"功能组中的"转至页脚"按钮，如下图所示。

Step06 ❶ 此时，即可切换到页脚处，单击"页眉和页脚"功能组中的页脚按钮，

❷ 在弹出的下拉列表中选择"空白（三栏）"选项，如下图所示。

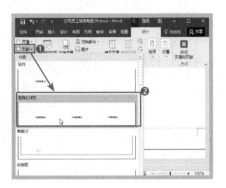

Step07 即可在页脚处插入空白页脚，如下图所示。

Step08 在页脚处输入页脚信息，例如时间和部门，如下图所示。

Step09 设置完毕后单击"关闭"组中的"关

闭页眉和页脚"按钮，至此页眉和页脚的设置效果如下图所示。

2.6.3　插入页码

在 Word 文档篇幅比较大或需要使用页码标明所在页的位置时，用户可以在 Word 2016 文档中插入页码。默认情况下，页码一般位于页眉或页脚位置。

插入页码的具体操作方法如下。

Step01　❶打开光盘文件＼素材文件＼第

2 课＼"公司员工规章制度 20.docx"，切换到"插入"选项卡，❷ 在"页眉和页脚"功能组中单击页码·按钮，❸ 在弹出的下拉列表中选择"页面底端"选项，在其级联菜单中选择"带状物"选项，如下图所示。

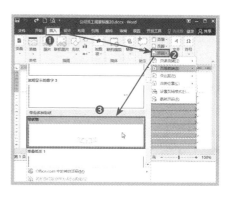

Step02　此时，即可在页脚插入所选样式的页脚，如下图所示。

Step03　设置完毕后，单击"关闭"组中的"关闭页眉和页脚"按钮，页码的设置效果如下图所示。

学习问答 (11:15 ~ 11:30)

疑问1：如何使用快捷键快速调整字号？

答：在编辑文档时，有时需要将文本的字号缩小或放大，可以在"字体"功能组中设置字号大小，或者在"字体"对话框中进行设置，接下来介绍怎么样使用键盘上的快捷键来快速调整字号。具体操作方法如下。

选中要调整字号大小的文本，按【Ctrl+【】组合键，将缩小字号，每按一次字号缩小一磅；按【Ctrl+】】组合键，将增大字号，每按一次字号增大一磅。

另外，用户也可以选中要调整字号大小的文本，按【Ctrl+Shift+<】组合键来快速缩小字号；按【Ctrl+Shift+>】组合键来快速增大字号。

疑问2：如何缩短页眉横线长度？

答：为文档设置页眉后，系统会默认在页眉与文档之间加上一条横线，用户可以对其进行设置，例如缩短其长度。缩短页眉横线长度的具体方法如下。

Step01 打开光盘文件\素材文件\第2课\ "公司员工规章制度20.docx"，双击页眉，页眉和页脚进入编辑状态，如右图所示。

Step02 使用鼠标将文档左缩进的标尺拖到合适位置，如左下图所示。

Step03 单击"关闭"功能组中的"关闭页眉和页脚"按钮，退出页眉和页脚编辑状态，页眉横向长度即可缩短，如右下图所示。

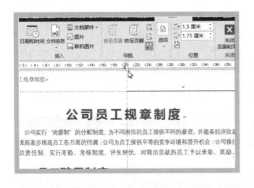

疑问3：如何去除页眉中的横线？

答：用户可以根据个人需要删除页眉上的横线，接下来介绍怎样去除页眉中的横线。具体操作方法如下。

Step01　打开光盘文件 \ 素材文件 \ 第 2 课 \ "公司员工规章制度 20.docx"，双击页眉进入页眉页脚编辑状态，如左下图所示。

Step02　❶ 切换到 "开始" 选项卡中，❷ 在 "段落" 功能组中单击 "边框" 按钮 右侧的下拉按钮，❸ 在弹出的下拉列表中选择 "边框和底纹" 选项，如右下图所示。

Step03　❶ 弹出 "边框和底纹" 对话框，切换到 "边框" 选项卡中，❷ 在 "设置" 组合框中选择 "无" 选项，❸ 在 "应用于" 下拉列表中选择 "段落" 选项，❹ 单击 按钮，如左下图所示。

Step04　此时已将页眉中的横线去除，退出页眉页脚编辑状态，效果如右下图所示。

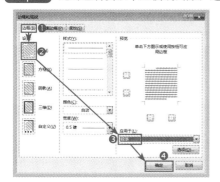 

过关练习 (11：30 ~ 12：00)

通过前面内容的学习，结合相关知识，请读者亲自动手按照要求完成以下过关练习。

练习一：制作面试通知

接下来通过制作面试通知，让用户进一步熟悉快速设置字体格式、设置段落格式等操作，轻松制作高质量的 Word 文档。

下面将介绍制作面试通知的方法，具体操作方法如下。

Step01　打开光盘文件 \ 素材文件 \ 第 2 课 \ "面试通知 .docx"，如左下图所示。

Step02　❶ 选中标题 "面试通知"，切换到 "开始" 选项卡，在 "字体" 功能组中的 "字体" 下拉列表中选择 "微软雅黑" 选项，❷ 在 "字号" 下拉列表中选择 "小一" 选项，如右下图所示。

Step03 单击"段落"功能组中的"居中"按钮，如左下图所示。

Step04 按照相同的方法为文档中其他文本设置字体和段落格式，如右下图所示。

 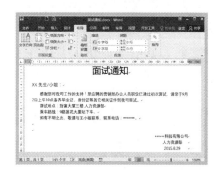

Step05 至此，面试通知就制作出来了。

练习二：制作公司考勤制度

接下来将制作公司考勤制度，让用户了解怎样插入项目符号、设置页面背景等操作。制作公司考勤制度的具体操作方法如下。

Step01 打开光盘文件\素材文件\第2课\"公司考勤制度.docx"，如下图所示。

Step02 ❶ 选中文档中需要应用项目符号的文本，在"段落"功能组中单击"项目符号"按钮右侧的下拉按钮，❷ 在弹出的下拉列表中选择合适的项目符号，如下图所示。

 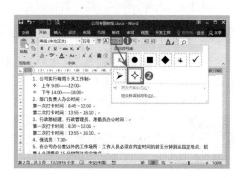

Step03　按照相同的方法为文档中其他文本添加项目符号，如下图所示。

Step04　❶ 切换到"设计"选项卡，❷ 在"页面背景"功能组中单击"水印"按钮，❸ 在弹出的下拉列表中选择"自定义水印"选项，如下图所示。

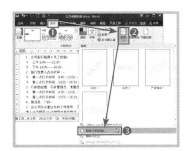

Step05　❶ 弹出"水印"对话框，选中"文字水印"单选按钮，❷ 在"文字"下拉列表中选择"禁止复制"选项，在"字体"下拉列表中选择"微软雅黑"选项，在"颜色"下拉列表中选择合适的颜色，例如"绿色，个性色 6，淡色 60%"选项，❸ 设置完成后，单击　确定　按钮，如下图所示。

Step06　此时，可以看到 Word 文档已经应用了所选择的水印样式，如下图所示。

Step07　❶ 在"页面背景"功能组中单击"页面颜色"按钮，❷ 在弹出的下拉列表中选择"白色，背景 1，深色 5%"选项，如下图所示。

Step08　返回 Word 文档，最终效果如下图所示。

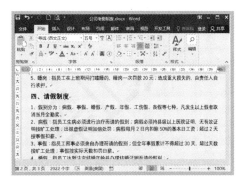

学习小结

本课主要介绍了关于文档格式的设置与美化，包括设置字体和段落格式、使用样式及主题、插入目录及页眉和页脚等。了解了这些操作，可以制作非常精美好看的 Word 文档。

第3课
Word 2016 表格制作与图表应用

　　表格是一种简明、概要的表意方式，结构严谨，效果直观，一张简单的表格可以代替许多说明文字。图表可以直观展示统计信息属性，是一种很好的将对象属性数据直观、形象地"可视化"的手段。使用 Word 2016 提供的表格和图表功能可以提升文档的品质，使文档更加直观形象，便于用户理解。

学习建议与计划

时间安排：（13:30 ～ 15:00）

<table>
<tr><td rowspan="4">第一天 下午</td><td>🎤 知识精讲（13:30 ~ 14:15）
　　☆　制作表格
　　☆　制作图表</td></tr>
<tr><td>👤 学习问答（14:15 ~ 14:30）</td></tr>
<tr><td>📝 过关练习（14:30 ~ 15:00）</td></tr>
</table>

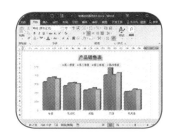

知识精讲 (13:30 ~ 14:15)

3.1 制作表格

使用表格可以更加直接地显示信息之间的联系，用户可以在 Word 2016 文档中插入表格，也可以直接使用系统提供的表格外观样式对所插入的表格进行美化。

3.1.1 插入表格

在 Word 2016 文档中，用户不仅可以通过指定行和列的方式直接插入表格，还可以通过绘制表格功能自定义各种表格。

Word 软件提供了强大的制表功能，不仅可以自动制表，也可以手动制表。在 Word 文档中，还可以直接插入电子表格。用 Word 制作表格，既轻松美观，又快捷方便。

在 Word 2016 中，用户可以使用功能区和对话框在文档中插入表格，也可以手动绘制表格。

1 . 使用对话框

使用"插入表格"对话框，可以插入任意行列的表格，具体操作方法如下。

Step01 ❶ 启动 Word 2016 程序，新建一个空白文档，切换到"插入"选项卡，❷ 在"表格"功能组中单击"表格"按钮，❸ 在弹出的下拉列表中选择"插入表格"选项，如下图所示。

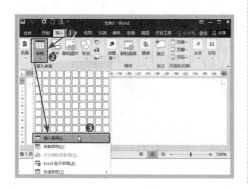

Step02 ❶ 弹出"插入表格"对话框，在"表格尺寸"组合框中的"列数"和"行数"微调框中分别输入"4"和"6"，其他设置保持默认，❷ 单击 确定 按钮，如下图所示。

Step03 返回 Word 文档中，可以看到在光标位置已经插入了6行4列的表格，并激活"表格工具"选项卡，如下图所示。

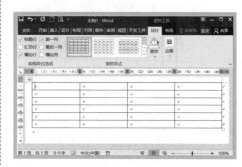

2．快速插入表格

使用鼠标拖选的方法快速插入表格的具体操作方法如下。

Step01 ❶ 将光标定位到适合的位置，切换到"插入"选项卡，❷ 在"表格"功能组中单击"表格"按钮，❸ 在弹出的下拉列表中拖动鼠标选中合适数量的行和列，如下图所示。

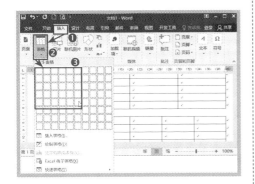

Step02 此时可以看到在文档的光标位置已经插入了指定行和列的表格，如下图所示。

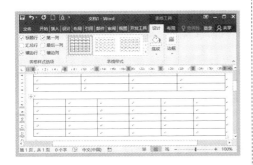

3．使用内置样式插入表格

Word 2016 提供了许多内置的表格样式供用户选择使用。下面将介绍使用内置样式插入表格的方法，具体操作方法如下。

Step01 ❶ 将光标定位于适当的位置，切换到"插入"选项卡，❷ 在"表格"功能组中单击"表格"按钮，❸ 在弹出的下拉

列表中选择"快速表格"，❹ 在子菜单中选择"带副标题 2"选项，如下图所示。

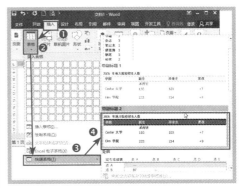

Step02 此时可以看到 Word 文档中插入了一个带副标题的表格样式，用户根据实际需要对其进行简单的修改即可使用，如下图所示。

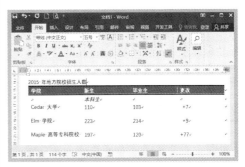

4．手动绘制表格

当用户需要用到不规则或个性化的表格时，单纯性地插入表格已不能满足用户的需要，此时用户可以利用 Word 提供的手动绘制表格的功能来实现。使用手动绘制表格的方法可以绘制行和列较少的表格，具体操作方法如下。

Step01 ❶ 将光标定位于适当的位置，切换到"插入"选项卡，❷ 在"表格"功能组中单击"表格"按钮，❸ 在弹出的下拉列表中选择"绘制表格"选项，如下图所示。

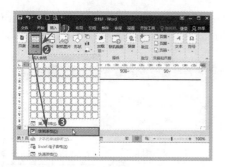

小提示

快速插入表格的局限性

在编辑文档的过程中，使用鼠标拖选方法快速插入表格只能应用于插入行数与列数比较少的表格，如果要插入的表格行数和列数都比较多，则只能通过"插入表格"对话框来插入表格。

Step02 此时鼠标指针变成" ⎯ "形状，按住鼠标左键不放向右下角拖动即可绘制出一个虚框线，如下图所示。

Step03 释放鼠标左键，此时可以看到绘制的表格外边框，如下图所示。

Step04 将鼠标指针移动到表格的边框内，然后依次单击绘制表格的行与列。当绘制完成后，在任意空白位置双击，即可退出绘制表格状态，如下图所示。

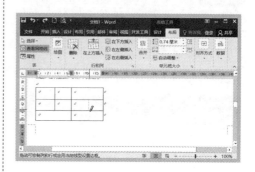

3.1.2 表格的基本操作

表格创建完成之后，还可以进行各种基本操作。表格的基本操作包括插入行与列、删除行与列、合并与拆分单元格及调整行高和列宽等

下面将介绍表格的基本操作方法，基本操作方法如下。

1．插入行和列

行和列是组成表格的基本元素，在 Word 2016 文档表格中，用户可以根据实际需要插入行和列。

插入行和列的方法包括使用功能区、使用快捷菜单项、使用插入按钮以及快捷键等方法。接下来以在表格中插入行为例，介绍怎样插入行和列。

（1）通过功能区插入

通过功能区插入行的具体操作方法如下。

Step01 ❶ 打开光盘文件＼素材文件＼第3课＼"员工信息登记表 01.docx"，选中与需要插入的行相邻的行，此处选中第2行，❷ 切换到"表格工具－布局"选项卡中，❸ 在"行和列"功能组中单击"在上方插入"按钮，如下图所示。

Step02 此时即可在所选行的上方插入 1 个新行，如下图所示。

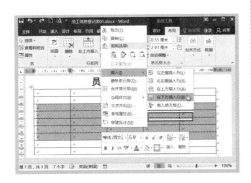

（2）使用快捷菜单命令插入

使用快捷菜单命令插入行的具体操作方法如下。

Step01 选中表格中第 3 行到第 7 行，右击，在弹出的快捷菜单中选择"插入"→"在下方插入行"命令，如下图所示。

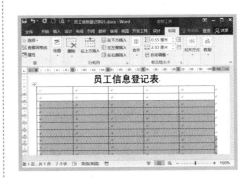

Step02 此时即可在所选行的下方插入与选中行数相同的行，如下图所示。

（3）使用按钮⊕插入

使用按钮插入行的具体操作方法如下。

Step01 将鼠标移到表格的左前方，当表格两行之间出现"插入行"按钮⊕，单击此按钮，如下图所示。

Step02 即可在这两行之间插入一个空行，如下图所示。

（4）使用快捷键插入

将光标定位在行的最右侧处，按【Enter】键，即可在其下方快速插入一个空白行。

2．删除行和列

删除行和列的方法也很简单，包括使用功能区、使用快捷菜单命令及快捷键等方法。接下来以删除行为例，介绍怎样删除行和列。

（1）使用功能区删除

❶ 选中想要删除的行，此处选中第 2 行，切换到"表格工具 - 布局"选项卡，❷ 在"行和列"功能组中单击"删除"按钮，❸ 在弹出的下拉列表中选择"删除行"选项，如下图所示。

（2）使用快捷菜单命令删除

Step01　选中需要删除的行，右击，在弹出的快捷菜单中选择"删除单元格"命令，如下图所示。

Step02　❶ 弹出"删除单元格"对话框，选中"删除整行"单选按钮，❷ 单击 确定

按钮即可将其删除，如下图所示。

（3）使用快捷键删除

选中要删除的行，按【Backspace】键，弹出"删除单元格"对话框，选中"删除整行"单选按钮，单击 确定 按钮即可将其删除。

3．合并和拆分单元格

单元格是组成表格的基本要素。用户可以根据实际需要对单元格进行相关操作。单元格的基本操作主要包括合并和拆分单元格等。

Step01　❶ 选中要合并的单元格，❷ 切换到"表格工具"栏中的"布局"选项卡，在"合并"功能组中单击 合并单元格 按钮，如下图所示。

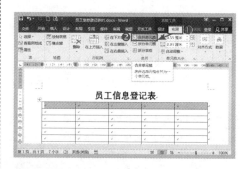

Step02　此时，即可看到所选的单元格已经进行了合并，如下图所示。

Step03　❶ 将光标定位到要拆分的单元格中，❷ 在"合并"功能组中单击 拆分单元格 按钮，如下图所示。

Step04　弹出"拆分单元格"对话框，在"列数"微调框中输入"2"，在"行数"微调框中输入"1"，单击 确定 按钮，如下图所示。

Step05　返回 Word 文档中，此时可以看到该单元格已经拆分成 1 行 2 列，如下图所示

小提示

删除单元格

如果用户想要删除某个单元格，则只需将光标定位到要删除的单元格，在"行和列"功能组中单击"删除"按钮，在弹出的下拉列表中选择"删除单元格"选项。弹出"删除单元格"对话框，在其中选择"右侧单元格左移"或"下方单元格上移"单选按钮，单击 确定 按钮即可。

4．调整行高和列宽

用户既可以通过功能区精确调整行高和列宽，也可以通过"表格属性"对话框调整行高和列宽，还可以利用"分隔线"进行手动调整。

Step01　❶ 选中第 1 行，切换到"表格工具-布局"选项卡，❷ 在"单元格大小"功能组中单击"行高"微调框，将其调整为"1 厘米"，如下图所示。

Step02　即可看到选中单元格的行高效果如下图所示。

Step03　选中要调整行高的行，切换到"布局"选项卡，单击"单元格大小"功能组中的"对话框启动器"按钮 ，如下图所示。

Step04 ❶ 弹出"表格属性"对话框，切换到"行"选项卡，❷ 在"尺寸"组合框中选中"指定高度"复选框，在右侧的微调框中输入"0.6 厘米"，❸ 设置完成后单击 确定 按钮，如下图所示。

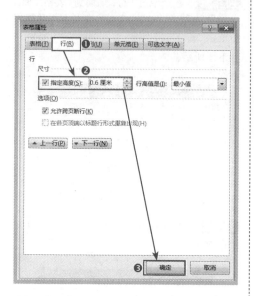

Step05 返回 Word 文档中即可显示出调整行高后的效果，如下图所示。

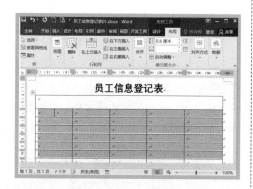

Step06 将鼠标指针移动到需要调整列宽的分隔线上，然后按住鼠标左键，此时鼠标指针变成"+∥+"形状，拖动分隔线到合适的位置然后释放鼠标左键即可，如下图所示。

Step07 此时，可以看到表格的列宽已经发生了变化，效果如下图所示。

> **小提示**
>
> **微调表格宽度**
>
> 使用鼠标拖动分隔线调整行高或列宽时，在拖动鼠标的同时，按【Alt】键则可微调表格宽度。

▶ 3.1.3 美化表格

用户可以为表格设置边框和底纹，也可以使用系统提供的多种表格格式对所插入的表格进行美化，使其更美观大方。

1．套用表格样式

在 Word 2016 文档中，为了便于快速创

建表格，系统提供了多种漂亮的表格样式。用户可以根据需要直接套用表格样式。套用表格样式的具体操作方法如下。

Step01　❶ 打开光盘文件 \ 素材文件 \ 第 3 课 \ "员工信息登记表 02.docx"，单击表格左上角的⊞按钮选中整个表格，❷ 切换到"表格工具 - 设计"选项卡，❸ 单击"表格样式"功能组中的"其他"按钮，如下图所示。

Step02　在弹出的"表格样式"列表框中选择表格样式，例如选择"网格表 1 浅色 - 着色 6"选项，如下图所示。

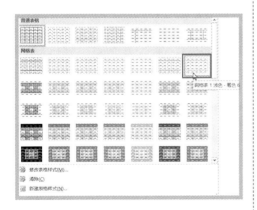

Step03　返回 Word 文档中，套用表格样式的效果如下图所示。

2．绘制边框和底纹

在 Word 文档中，为表格绘制边框和底纹可以突出表格的外观。为表格绘制边框和底纹的具体操作方法如下。

Step01　❶ 选中整个表格，切换到"表格工具 - 设计"选项卡中，❷ 单击"边框"功能组中的"边框样式"下拉按钮，❸ 在弹出的下拉列表中选择"单实线，1/2pt，着色 6"选项，如下图所示。

Step02　在"边框"功能组的"笔画粗细"下拉列表中选择"1.5 磅"选项，如下图所示。

Step03 ❶单击"表格样式"功能组中的"边框"下拉按钮，❷在弹出的下拉列表中选择"外侧框线"选项，如下图所示。

Step04 设置完毕，效果如下图所示。

Step05 ❶选中要绘制底纹的单元格，切换到"表格工具－设计"选项卡中，❷单击"表格样式"功能组中的"底纹"下拉按钮，❸在弹出的下拉列表中选择"绿色，个性色6，淡色80%"选项，如下图所示。

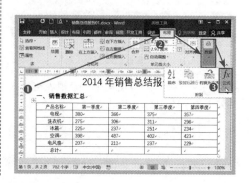

Step06 返回 Word 文档中，设置效果如图所示。

3.1.4 表格数据计算

在 Word 2016 文档中，用户可以借助 Word 2016 提供的数学公式运算功能对表格中的数据进行数学运算，包括加、减、乘、除，及求和、求平均值等常见运算表格数据计算的具体操作方法如下。

Step01 ❶打开光盘文件\素材文件\第3课\"销售总结报告01.docx"，在插入的表格中，将光标定位在需显示计算的单元格中，❷切换到"表格工具－布局"选项卡，❸单击"数据"功能组中的"公式"按钮，如下图所示。

Step02　弹出"公式"对话框，在"公式"文本框中自动显示求和公式"=SUM(ABOVE)"，表示计算当前单元格上方所有单元格的数据之和，如下图所示。

Step03　单击 确定 按钮，返回单元格中，计算结果显示如下。

Step04　选中用公式创建完成的数字，右击，在弹出的快捷菜单中选择"复制"命令，如下图所示。

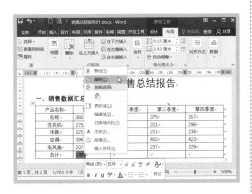

Step05　按【Ctrl+V】组合键，将公式粘贴到其他的单元格中，如下图所示。

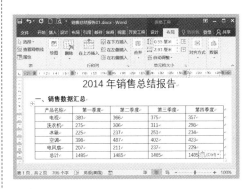

Step06　选中复制的总计值，右击，在弹出的快捷菜单中选择"更新域"命令，如下图所示。

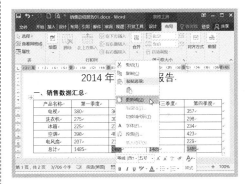

Step07　此时，"合计"值就计算出来了，计算结果如下图所示。

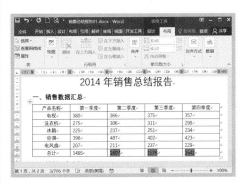

小提示 ┊┊┊┊┊

其他数据计算

如果要在 Word 文档的表格中进行其他数据计算，例如求平均值、计数等，则可以按照前面介绍的方法打开"公式"对话框，然后在其中的"粘贴函数"下拉列表中选择合适的函数，再分别使用左侧（LEFT）、右侧（RIGHT）、上面（ABOVE）和下面（BELOW）等参数进行函数设置。

3.2　制作图表

图表是以图形方式来显示数字，以使数据的表示更加直观，分析更为方便。制作图表主要包括创建图表和设置图表。

● 3.2.1　创建图表

在 Word 中经常需要用图表来清晰地显示数据的变化趋势，既能直观地显示数据，又便于用户预测和分析数据。

下面将介绍创建图表的方法，具体操作方法如下。

Step01　❶ 打开光盘文件＼素材文件＼第 3课＼"销售总结报告 02.docx"，将光标定位到需要插入图表的位置，❷ 切换到"插入"选项卡，❸ 在"插图"功能组中单击"图表"按钮，如下图所示。

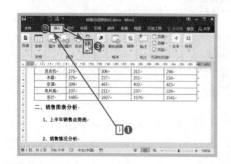

Step02　弹出"插入图表"对话框，从中选择要插入的图表类型，单击 确定 按钮，如下图所示。

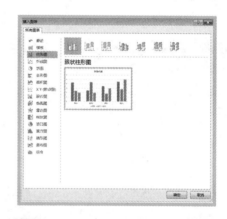

Step03　此时即可在文档的指定位置插入所选择类型的图表，并自动打开"图表工具"栏。系统还会自动地打开一个 Excel 电子表格，如下图所示。

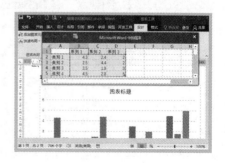

Step04　增加图表数据对应的行和列。将鼠标移动到表格数据区域右下角的 ◢ 按钮上，此时鼠标指针变为 "↖↘" 形状，如下图所示。

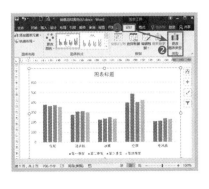

Step05　拖到合适的位置，释放鼠标，即可增加数据表的行和列，如下图所示。

Step06　在表格中输入相应的图表数据，如下图所示。

Step07　单击表格右上角的 "关闭" 按钮 ✕ 关闭表格，此时可以看到图表会随着 Excel 电子表格中数据的更改而改变，创建图表的最终效果如下图所示。

3.2.2　设置图表

创建图表之后还需进一步的设置其格式，才能满足用户的需求。设置图表主要包括更改图表类型、更改图表布局及设置图表区格式等内容。

1 . 更改图表类型

更改图表类型的具体操作方法如下。

Step01　❶ 打开光盘文件 \ 素材文件 \ 第 3 课 \ "销售总结报告 03.docx"，选中图表，切换到 "图表工具 - 设计" 选项卡，❷ 在 "类型" 功能组中单击 "更改图表类型" 按钮 ，如下图所示。

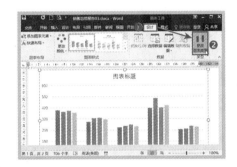

Step02　❶ 弹出 "更改图表类型" 对话框，切换到 "柱形图" 选项卡，❷ 选择 "三维簇状柱形图" 选项，❸ 在 "三维簇状柱形图" 组合框中选择要更改的图表类型，❹ 单击 确定 按钮，如下图所示。

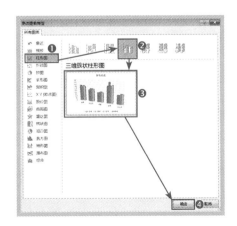

Step03 返回 Word 文档中，此时可以看到图表类型发生了变化，已经应用了所选择的"三维簇状柱形图"图表类型，如下图所示。

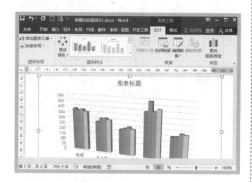

2．更新数据

当数据错误时用户可以更新数据。更新图表数据的具体操作方法如下。

Step01 ❶ 选中图表，切换到"图表工具－设计"选项卡，在"数据"功能组中单击"编辑数据"下拉按钮，❷ 在弹出的下拉列表中选择"编辑数据"选项，如下图所示。

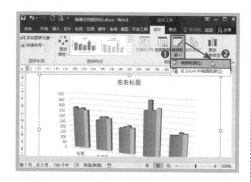

Step02 弹出与之对应的 Excel 电子表格，直接从中修改数据。例如将"电视"的"第一季度"销量数据"380"改为"320"，如下图所示。

Step03 输入完毕单击"关闭"按钮 ⊠ 关闭表格，此时 Word 文档中的图表已经随之更改，如下图所示。

3．设置图表布局和样式

利用 Word 2016 提供的快速布局和快速样式功能，可以快速地设置图表的显示效果，更方便快捷。设置图表布局和外观样式的具体操作方法如下。

Step01 ❶ 选中图表，在"图表布局"功能组中单击 ⊞ 快速布局 ▼ 按钮，❷ 在弹出的下拉列表中选择"布局1"选项，如下图所示。

Step02　应用"布局1"的设置效果如下图所示。

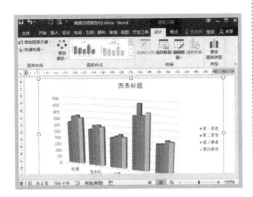

Step03　在"图表样式"功能组中单击"其他"按钮，如下图所示。

Step04　在弹出的列表框中选择所需的图表样式，例如选择"样式5"选项，如下图所示。

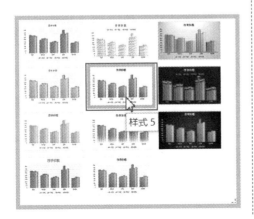

Step05　应用"样式5"的设置效果如下图所示。

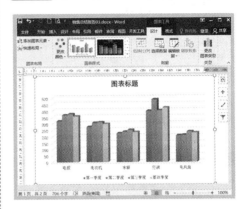

4．设置图表元素格式

用户不仅可以设置整个图表的格式，而且可以根据自己的喜好设置图表中各个组成元素的样式。

一般图表是由图表标题、绘图区、数据系列、图例、网格线、坐标轴等部分组成，用户可以对其进行相应的设置。

（1）设置图表标题

设置图表标题的具体操作方法如下。

Step01　选中图表标题，将光标定位到图表标题文本框中，删除"图表标题"，如下图所示。

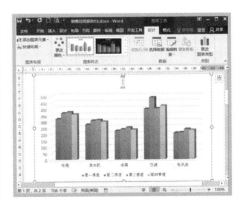

Step02　在其中输入图表标题"产品销售表"，如下图所示。

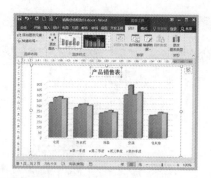

Step03 选中图表标题，右击，在弹出的快捷菜单中选择"设置图表标题格式"命令，如下图所示。

Step04 ❶ 弹出"设置图表标题格式"任务窗格，切换到"标题选项"选项卡，❷ 单击"填充与线条"按钮🖌，❸ 在"填充"组合框中选中"渐变填充"单选按钮，❹ 在"预设渐变"下拉列表中选择"浅色渐变 - 个性色6"选项，如下图所示。

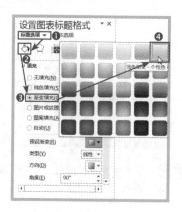

Step05 单击右上角的"关闭"按钮×关闭"设置图表标题格式"任务窗格，图表标题的设置效果如下图所示。

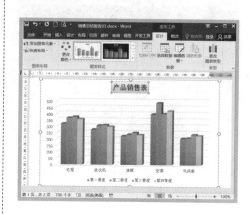

（2）设置图表区格式

设置图表区格式的具体操作方法如下。

Step01 ❶ 选中图表区，切换到"图表工具 - 格式"选项卡中，❷ 在"当前所选内容"功能组中单击 设置所选内容格式 按钮，如下图所示。

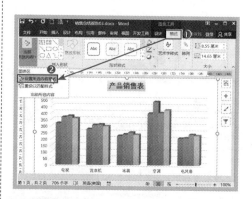

Step02 ❶ 弹出"设置图表区格式"任务窗格，切换到"图表选项"选项卡，❷ 单击"填充与线条"按钮🖌，❸ 在"填充"组合框的"前景"和"背景"下拉列表中设置合适的颜色，❹ 在"图案"面板中选择适合的图案选项，例如"10%"选项，如下图所示。

Step02 ❶ 弹出"设置坐标轴格式"任务窗格，切换到"坐标轴选项"选项卡，❷ 单击"坐标轴选项"按钮 📊，❸ 在"单位"组合框的"主要"文本框中输入"100.0"，如下图所示。

Step03 关闭"设置图表区格式"任务窗格，图表区的设置效果如下图所示。

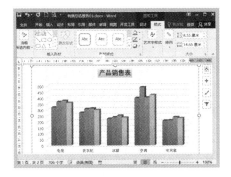

（3）设置坐标轴格式

用户可以根据实际需要设置坐标轴的格式。设置坐标轴格式的具体操作方法如下。

Step01 选中垂直"值"轴，右击，在弹出的快捷菜单中选择"设置坐标轴格式"命令，如下图所示。

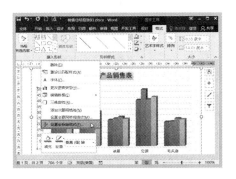

Step03 ❶ 切换到"文本选项"选项卡中，❷ 单击"文本填充与轮廓"按钮 🅰，❸ 在"文本填充"组合框中选中"纯色填充"单选按钮，❹ 在"颜色"下拉列表中选择"浅蓝"选项，如下图所示。

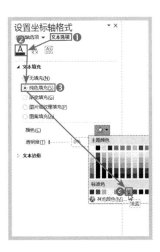

Step04 关闭"设置坐标轴格式"任务窗格，返回 Word 文档中，可以看到垂直"值"轴的设置效果如下图所示。

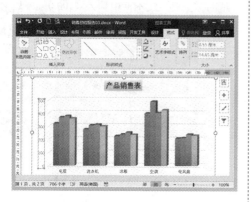

（4）设置数据系列格式

设置数据系列格式的具体操作方法如下。

Step01 选中数据系列"第一季度"，右击，在弹出的快捷菜单中选择"设置数据系列格式"命令，如下图所示。

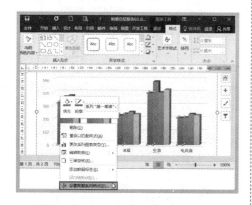

Step02 ❶ 弹出"设置数据系列格式"任务窗格，切换到"系列选项"选项卡，❷ 单击"系列选项"按钮▉▉，❸ 在"系列选项"组合框中的"系列间距"微调框中输入"60%"，在"分类间距"微调框中输入"80%"，如下图所示。

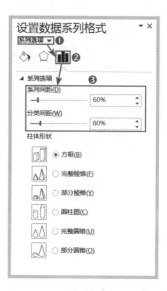

Step03 ❶ 单击"填充与线条"▉，❷ 在"填充"组合框中选中"纯色填充"单选按钮，❸ 在"颜色"下拉列表中选择"绿色，个性色 6"选项，如下图所示。

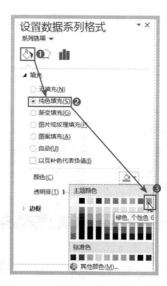

Step04 单击"关闭"按钮▉，返回 Word 文档中，数据系列"第一季度"的设置效果如下图所示。

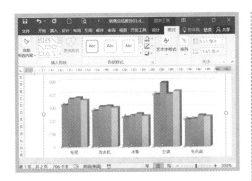

（5）设置网格线格式

设置网格线格式的具体操作方法如下。

Step01　❶切换到"图表工具－设计"选项卡，❷单击"图表布局"功能组中的 添加图表元素 按钮，❸在弹出的下拉列表中选择"网格线"、"主轴主要水平网格线"选项，如下图所示。

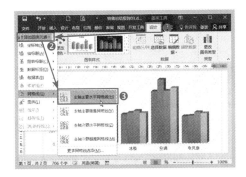

Step02　此时，网格线就被隐藏起来，效果如下图所示。

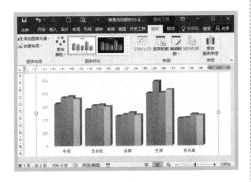

（6）设置图例

设置图例的具体操作方法如下。

Step01　选中图例，右击，在弹出的快捷菜单中选择"设置图例格式"命令，如下图所示。

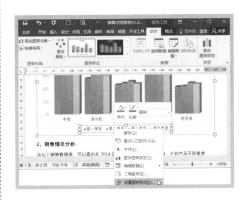

Step02　❶弹出"设置图例格式"任务窗格，切换到"图例选项"选项卡中，❷单击"图例选项"按钮，❸在"图例位置"组合框中选中"靠上"单选按钮，如下图所示。

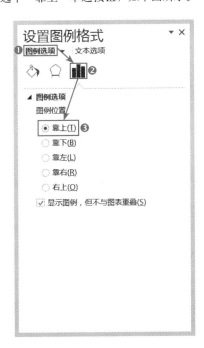

Step03 ❶单击"填充与线条"按钮 🖌️，❷在"填充"组合框中选中"纯色填充"单选按钮，❸在"颜色"下拉列表中选择"金色，个性色4，淡色80%"选项，如下图所示。

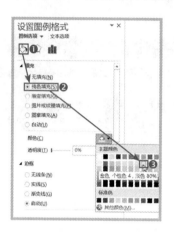

Step04 单击"关闭"按钮 ✕，返回Word文档中，图例及图表的设置效果如下图所示。

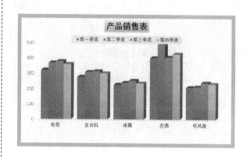

学习问答 (14:15 ～ 14:30)

疑问1：如何设置表格内文本缩进？

答：如果在单元格中输入的文本内容较多，为了使Word排版比较美观，可以设置其首行缩进的格式，具体操作方法如下。

Step01 在Word文档中选中多个单元格，切换到"开始"选项卡，单击"段落"功能组右下角的"对话框启动器"按钮 🔲，如下图所示。

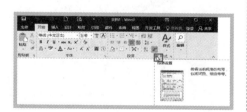

Step02 弹出"段落"对话框，自动切换到"缩进和间距"选项卡，在"缩进"组合框的"特殊格式"下拉列表中选择合适的缩进形式，例如"首行缩进"选项，如下图所示。

疑问 2：如何设置表格错行？

答：在编辑表格时，有时会遇到设置表格错行的情况。例如要制作左列 5 行，右列 3 行的表格时，具体操作方法如下。

Step01 ❶ 在 Word 文档中插入一个 4 行 2 列的表格，并选中右列所有表格，❷ 切换到"表格工具 - 布局"选项卡，❸ 在"合并"功能组中单击"合并单元格"按钮，如下图所示。

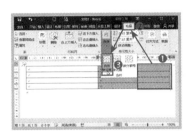

Step02 将光标定位到合并的单元格中，在"表"功能组中单击 属性 按钮，如下图所示。

Step03 ❶ 弹出"表格属性"对话框，切换到"单元格"选项卡，❷ 单击 选项(O)... 按钮，如下图所示。

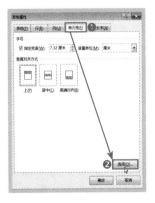

Step04 ❶ 弹出"单元格选项"对话框，取消选中"与整张表格相同"复选框，❷ 将"上"、"下"、"左"、"右"微调框均设置为"0 厘米"，如下图所示。

Step05 依次单击 确定 按钮，在合并单元格中插入一个 5 行 1 列的表格，选中该合并单元格，将其外框线设置为无，效果如图所示。

Step06 选中整个表格，右击，在弹出的快捷菜单中选择"平均分布各行"命令，如下图所示。

Step07 此时，左列5行，右列3行的表格制作完成，效果如下图所示。

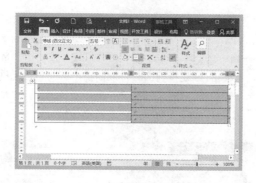

疑问3：如何实现文档中表格行列对调？

答：在Word文档中，很难将表格行列进行对调，用户可以利用Excel轻松互换Word表格中的行与列。具体操作方法如下。

Step01 打开光盘文件\素材文件\第3课\"销售总结报告04.docx"，选中并复制表格，如下图所示。

Step02 启动Excel 2016，新建一个空白工作簿，选中单元格A1，按【Ctrl+V】组合键粘贴，即可将文档中表格复制到表格中，如下图所示。

Step03 在Excel表格中，按【Ctrl+C】组合键进行复制，如下图所示。

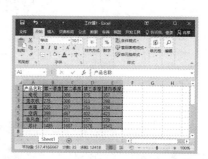

Step04 右击空白单元格，在弹出的快捷菜单中选择"选择性粘贴"→"转置"命令，如下图所示。

Step05 此时，表格中的行列内容已经互换，效果如下图所示。

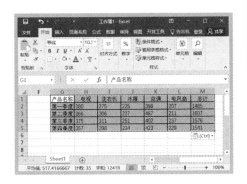

Step06 将行和列互换后的表格内容复制并粘贴到 Word 中即可，效果如下图所示。

过关练习 (14:30 ～ 15:00)

通过前面内容的学习，结合相关知识，请读者亲自动手按照要求完成以下过关练习。

练习一：制作员工考勤表

通过在 Word 文档中插入表格来制作员工考勤表的具体操作方法如下。

Step01 ❶ 打开光盘文件 \ 素材文件 \ 第 3 课 \ "员工考勤表 .docx"，切换到"插入"选项卡中，❷ 单击"表格"功能组中的"表格"按钮，❸ 在弹出的下拉列表中选择"插入表格"选项，如下图所示。

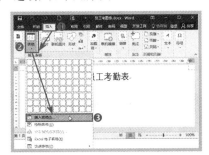

Step02 ❶ 弹出"插入表格"对话框，在"表格尺寸"组合框的"列数"微调框中输入列数"13"，在"行数"微调框中输入"30"，其他选项保持默认，❷ 单击 确定 按钮，如下图所示。

Step03 即可在 Word 文档中插入一个 30 行 13 列的表格，如下图所示。

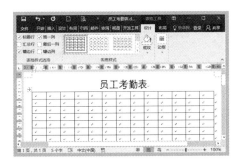

Step04 在表格中输入员工考勤的基本信息，效果如下图所示。

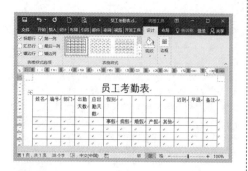

Step05 选中需要合并单元格，切换到"表格工具－布局"选项卡中，在"合并"功能组中单击"合并单元格"按钮，如下图所示。

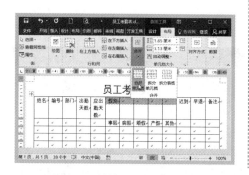

Step06 选中整个表格，在"布局"选项卡的"对齐方式"功能组中单击"水平居中"按钮，如下图所示。

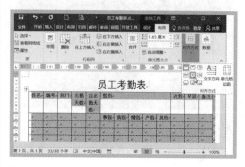

Step07 返回 Word 文档，员工考勤表的最终制作效果如下图所示。

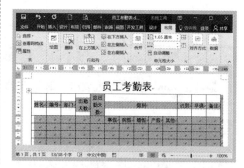

练习二：制作产品市场价格走势分析

使用本课中介绍的 Word 2016 的图表功能，制作产品的市场价格走势分析，具体操作方法如下。

Step01 打开光盘文件＼素材文件＼第3课＼"产品市场价格走势分析 .docx"，如下图所示。

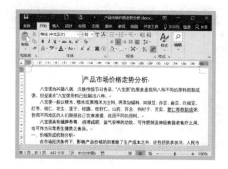

Step02 ❶ 将光标定位在要插入图表的位置，❷ 切换到"插入"选项卡，❸ 在"插图"功能组中单击"图表"按钮，如下图所示。

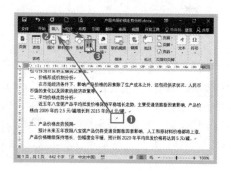

Step03　❶ 弹出"插入图表"对话框，❷ 切换到"折线图"选项卡，选择"折线图"选项，❸ 然后在下方选择合适的折线图，单击 确定 按钮，如下图所示。

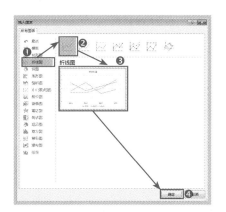

Step04　此时即可在文档的指定位置插入折线表，并自动地打开一个 Excel 电子表格，在表格中输入相应图表数据，如下图所示。

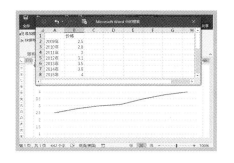

Step05　单击表格右上角的"关闭"按钮 ✕ 关闭表格，此时可以看到创建的折线图效果如下图所示。

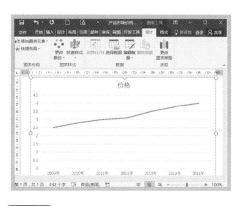

Step06　对折线图进行简单的美化，最终效果如下图所示。

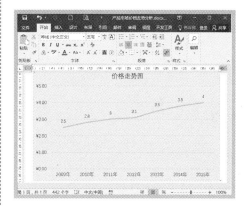

🌐 学习小结

本课主要介绍了如何在 Word 文档中使用表格和图表功能。通过在 Word 中使用表格和图表功能，可以使文档信息更加直观形象地表达出来。

学习笔记

第4课
Word 2016 图文混排功能的应用

　　图文混排是 Word 2016 文字处理软件的一项重要功能。使用到的基本对象主要有文本框、图片、形状、SmartArt 图形等，通过插入和编辑这些基本对象，使文档图文并茂、生动有趣。图文混排在报刊编辑、产品宣传等工作中应用非常广泛。

学习建议与计划

时间安排：（15:30 ～ 17:00）

第一天 下午

🎤 知识精讲（15:30 ~ 16:15）
　　☆　使用文本框
　　☆　使用联机图片
　　☆　使用形状

👤 学习问答（16:15 ~ 16:30）

📝 过关练习（16:30 ~ 17:00）

 知识精讲 （15：30 ～ 16：15）

4.1 使用文本框

要使图形和文字进行混排，就要用到文本框。通过使用文本框，用户可以将 Word 2016 文本很方便地放置到文档页面的指定位置，而不必受到其他因素影响。

● 4.1.1 插入文本框

在特殊情况下，用户无法在目标位置处直接输入需要的内容，此时即可借助文本框输入。Word 2016 内置有多种样式的文本框可供用户选择使用。文本框包括横排文本框和竖排文本框两种。

1．插入横排文本框

横排文本框是用于输入横排方向文本的图形，插入横排文本框的具体操作方法如下。

Step01　❶ 打开光盘文件＼素材文件＼第4课＼"旅游宣传册 01.docx"，切换到"插入"选项卡，❷ 在"文本"功能组中单击"文本框"按钮 ，❸ 在弹出的下拉列表中选择"绘制文本框"选项，如下图所示。

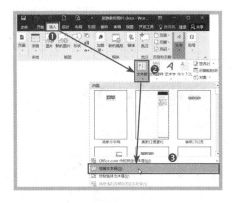

Step02　此时鼠标指针呈"＋"形状，在文档中合适的位置按住鼠标左键拖动到合适的大小，如下图所示。

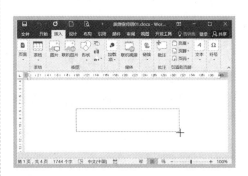

Step03　释放鼠标左键，即可绘制出文本框，并激活"绘图工具－格式"选项卡，如下图所示。

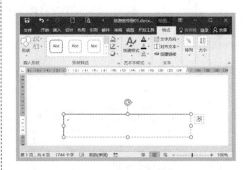

Step04　在绘制好的文本框中输入文本"旅游宣传手册"，效果如下图所示。

2．插入竖排文本框

除了可以在文档中插入横排文本框之外，还可以插入竖排文本框。插入竖排文本框的具体操作方法如下。

Step01 ❶ 切换到"插入"选项卡，❷ 在"文本"功能组中单击"文本框"按钮🗐，❸ 在弹出的下拉列表中选择"绘制竖排文本框"选项，如下图所示。

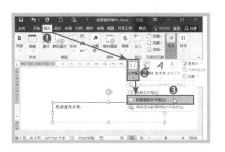

Step02 此时鼠标指针呈"+"形状，按住鼠标左键并拖到目标位置释放左键，即可绘制出竖排文本框，如下图所示。

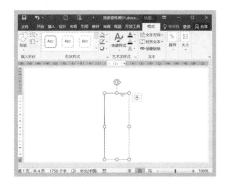

Step03 在绘制好的文本框中输入文本"自由旅游社"，如下图所示。

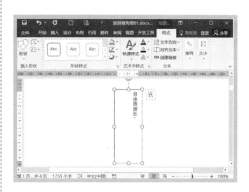

◉ 4.1.2　编辑文本框

插入文本框之后，用户还需要对其进行相应的格式编辑才能满足工作的需要。编辑文本框主要包括设置文字的字体格式、设置文本框的形状样式、调整文本框的大小和位置、更改文字方向等内容。

编辑文本框的具体操作方法如下。

Step01 ❶ 打开光盘文件＼素材文件＼第4课＼"旅游宣传册 02.docx"，选中横排文本框中的文本，切换到"开始"选项卡，❷ 在"字体"功能组的"字体"下拉列表中选择"微软雅黑"选项，在"字号"下拉列表中选择"小初"选项，设置效果如下图所示。

Step02 ❶选中该文本框，切换到"绘图工具 - 格式"选项卡，❶在"形状样式"功能组中单击"形状填充"按钮右侧的下拉按钮，❸在弹出的下拉列表中选择"蓝色，个性色1，淡色 80%"选项，如下图所示。

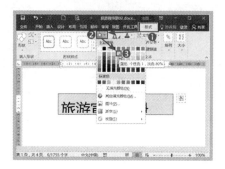

Step03 ❶在"形状样式"功能组中单击"形状轮廓"按钮右侧的下拉按钮，❷在弹出的下拉列表中选择"无轮廓"选项，如下图所示。

Step04 设置形状填充和形状轮廓后的效果如下图所示。

Step05 选中横排文本框，此时文本框的四周出现 8 个控制点，将鼠标移动至右下角控制点上，此时鼠标指针变为" "形状，如下图所示。

Step06 拖动鼠标至合适的位置后释放鼠标，文本框的大小设置效果如下图所示。

Step07 ❶切换到"开始"选项卡，❷在"段落"功能组中单击"居中"按钮，即可将文本框中的文本居中对齐，效果如下图所示。

Step08 ❶ 选中文本框，切换到"绘图工具 -格式"选项卡，❷ 在"排列"功能组中单击 对齐 按钮，❸ 在弹出的下拉列表中选择"水平居中"选项，如右图所示。

Step09 即可将文本框相对于页面水平居中，如左下图所示。

Step10 按照相同方法设置竖排文本框，设置效果如右下图所示。

4.2 使用图片

图片是日常 Word 文档中的重要元素之一。在制作文档时，常常需要插入一些图片文件来具体说明某些文档信息。

4.2.1 插入图片

在 Word 2016 中，用户既可以将保存在计算机上的图片直接插入到文档中，也可以利用"屏幕截图"功能将窗口截图插入当前文档中。

1．插入文件中的图片

用户可以将保存在计算机上的图片直接插入文档中，具体操作方法如下。

Step01 ❶ 打开光盘文件 \ 素材文件 \ 第 4 课 \ "旅游宣传册 03.docx"，将光标定位到需要插入图片的位置，❷ 切换到"插入"选项卡，❸ 在"插图"功能组中单击"图片"按钮，如下图所示。

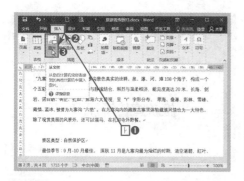

Step02 ❶ 弹出"插入图片"对话框，在"查找范围"下拉列表中选择图片所在的位置，❷ 选中所需图片，例如"图片 01.JPG"选项，❸ 单击 插入(S) 按钮，如下图所示。

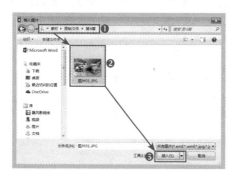

Step03 返回 Word 文档，即可看到在光标位置已经插入了指定图片，效果如下图所示。

2 . 利用"捕获屏幕截图"功能

借助 Word 2016 的"屏幕截图"功能，用户可以方便地将已经打开且未处于最小化

状态的窗口或是当前页面中的某个图片截图插入到 Word 文档中。利用捕获屏幕截图插入图片有两种方式：一种是插入屏幕窗口截图；另一种是自定义屏幕截图。

（1）插入屏幕窗口截图

在 Word 文档中插入屏幕窗口截图的具体操作方法如下。

Step01 ❶ 在空白 Word 文档中，切换到"插入"选项卡，❷ 在"插图"功能组中单击"捕获屏幕截图"按钮 ，❸ 在弹出的下拉列表中选择当前打开的窗口缩略图"第4课 图文混排 .docx"，如下图所示。

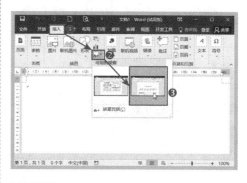

Step02 此时，即可在文档 1 中插入截屏图片，如下图所示。

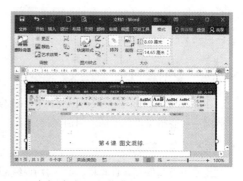

（2）自定义屏幕截图

自定义屏幕截图的具体操作方法如下。

Step01 ❶ 将光标定位在要插入截图的位置，切换到"插入"选项卡，❷ 在"插图"功能组中单击"捕获屏幕截图"按钮 ，

❸ 在弹出的下拉列表中选择"屏幕剪辑"选项，如下图所示。

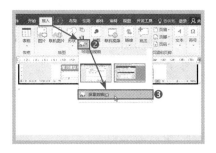

Step02 此时在需要截取图片的开始位置按住鼠标左键进行拖动，如下图所示。

Step03 拖至合适位置后释放鼠标，即可看到在文档中插入了自定义的屏幕截图，如下图所示。

小提示

"捕获屏幕截图"应用范围

"捕获屏幕截图"功能只能应用于文件扩展名为 .docx 的 Word 文档中，在文件扩展名为 .doc 的兼容 Word 文档中是无法实现的。

4.2.2　编辑图片

在文档中插入图片之后，还需要对其进行编辑才能达到用户的要求，比如调整图片的大小、位置及图片的文字环绕方式等。

下面将介绍编辑图片的方法，具体操作方法如下。

1．调整图片大小

调整图片大小的具体操作方法如下。

Step01 ❶ 打开光盘文件 \ 素材文件 \ 第 4 课 \ "旅游宣传册 04.docx"，选中图片，切换到"图片工具 - 格式"选项卡，❷ 单击"大小"功能组右下角的"对话框启动器"按钮，如下图所示。

Step02 ❶ 弹出"布局"对话框，自动切换到"大小"选项卡，在"缩放"组合框中选中"锁定纵横比"复选框，❷ 在"高度"微调框中输入缩放比例，例如"21%"，❸ 设置完毕，单击 确定 按钮，如下图所示。

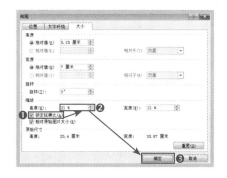

Step03 返回文档中，图片的大小效果如下图所示。

小提示

调整图片大小的方法

用户可以通过鼠标拖动图片的8个控制点来调整图片大小。调整图片大小时，为了防止图片失真，应拖动图片的四个角处的控制点，使图片的高度和宽度按比例缩放。

2．调整图片位置

用户可以调整图片的位置，以使其更好地和文档中的文本配合，具体操作方法如下。

Step01 选中图片，将指针移至图片上方，此时鼠标指针变成"⇱"形状，如下图所示。

Step02 按住鼠标左键不放拖动，拖至目标位置之后释放鼠标，此时即可看到图片的位置发生了变化，如下图所示。

3．裁剪图片

如果只需要插入图片中的某一部分，那么可以对图片进行裁剪，将不需要的部分裁掉，具体操作方法如下。

Step01 ❶选中图片，切换到"图片工具 - 格式"选项卡，❷在"大小"功能组中单击"裁剪"按钮的下半部分按钮，❸在弹出的下拉列表中选择"裁剪"选项，如下图所示。

Step02 此时，在所选的图片边缘出现了裁剪控制手柄，拖动需要裁剪边缘的手柄进行图片裁剪，如下图所示。

Step03 裁剪完成后，按【Enter】键，此时可以发现图片已经裁剪掉不需要的部分，裁剪后的效果如下图所示。

4．设置图片文字环绕方式

默认情况下，插入的图片是以嵌入的方式显示的，用户可以设置图片的环绕方式，具体操作方法如下。

Step01 ❶ 选中图片，切换到"图片工具－格式"选项卡，❷ 在"排列"功能组中单击"环绕文字"按钮，❸ 在弹出的下拉列表中选择"四周型"选项，如下图所示。

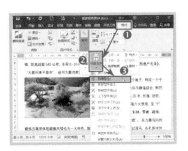

Step02 此时，可以看到图片已经以四周型环绕的方式呈现出来，如下图所示。

Step03 用户也可以单击"大小"功能组右下角的"对话框启动器"按钮，如下图所示。

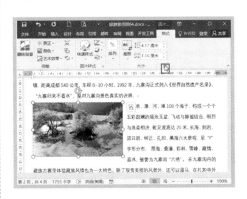

Step04 ❶ 弹出"布局"对话框，切换到"文字环绕"选项卡，❷ 在"环绕方式"组合框中设置环绕方式，如下图所示。

5．应用图片样式

Word 2016 为用户提供了许多图片的样式，应用这些样式可以快速进行图片的格式设置，具体操作方法如下。

Step01 ❶ 选中图片，切换到"图片工具－格式"选项卡，❷ 单击"图片样式"功能组中的"快速样式"按钮，❸ 在弹出的下拉列表中选择需要的样式，例如选择"旋转，白色"选项，如下图所示。

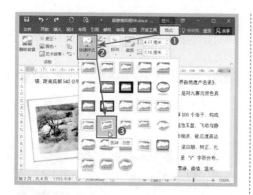

Step02 此时，可以看到图片已经应用了所选择的样式，如下图所示。

4.2.3 设置图片效果

Word 2016 为用户新增了图片效果功能，可以快速的选择所需效果。调整图片的效果主要包括更改图片的亮度和对比度、删除图片背景及为图片设置铅笔素描、影印、图样等多种艺术效果等内容。

下面将介绍设置图片效果的方法，具体操作方法如下。

1．更改亮度和对比度

用户可以调整图片的相对光亮度（亮度）、图片最暗区域与最亮区域间的差别（对比度）及图片的模糊度。通过调整图片亮度可以使曝光不足或曝光过度图片的细节得以充分表现，通过提高或降低对比度可以更改明暗区

域分界的定义。更改图片亮度和对比度的具体操作方法如下。

Step01 ❶ 打开光盘文件\素材文件\第4课\"旅游宣传册05.docx"，选中图片，切换到"图片工具-格式"选项卡，❷ 在"调整"功能组中单击 更正·按钮，❸ 在弹出的下拉列表中选择所需的效果，例如选择"亮度：-20% 对比度：+20%"选项，如下图所示。

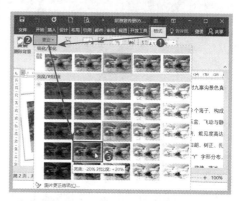

Step02 此时，可以看到图片应用了所选择的亮度和对比度效果，如下图所示。

2．设置图片颜色

在 Word 2016 中，用户可以设置图片的颜色，以强调或突出图片的主题。

设置图片颜色的具体操作方法如下。

Step01 选中图片，在"调整"功能组中单击 颜色·按钮，如下图所示。

Step02　在弹出的下拉列表中可以设置图片的颜色饱和度、色调和重新着色选项，例如选择"色温：4700K"，如下图所示。

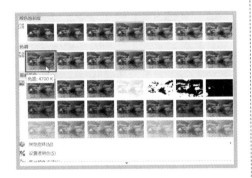

Step03　返回文档中，图片的设置效果如下图所示。

3.设置艺术效果

在 Word 2016 文档中，用户可以为图片

设置艺术效果，这些艺术效果包括铅笔素描、影印、图样等多种效果，具体操作方法如下。

Step01　❶ 在"调整"功能组中单击 艺术效果 按钮，❷ 在弹出的下拉列表中选择所需要的艺术效果，如"十字图案蚀刻"选项，如下图所示。

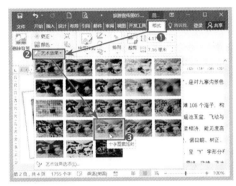

Step02　此时，可以看到图片应用"十字图案蚀刻"后的艺术效果，如下图所示。

> **小提示**
>
> **重设图片**
>
> 　　用户如果对设置的图片效果不满意，可以重设。只需单击"调整"功能组中的"重设图片"下拉按钮，在弹出的下拉列表中选择"重设图片"选项，放弃对此图片所做的全部格式设置即可。

4.3 使用联机图片

在 Word 2016 中，用户可以通过使用联机图片来创建更具趣味性设计的文档。

4.3.1 插入联机图片

联机图片在 Microsoft Word 办公软件中有着广泛的应用，提供了大量图片，用户可以在联网状态下搜索并使用。

默认情况下，Word 2016 中的联机图片不会全部显示出来，需要用户使用相关的关键字进行搜索。下面将介绍插入联机图片的方法，具体操作方法如下。

Step01 ❶ 打开光盘文件 \ 素材文件 \ 第 4 课 \ "旅游宣传册 06.docx"，将光标定位在要插入联机图片的位置，❷ 切换到 "插入" 选项卡，❸ 单击 "插图" 功能组中的 "联机图片" 按钮，如下图所示。

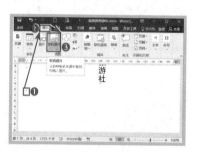

Step02 弹出 "插入图片" 对话框，在 "必应图像搜索" 文本框中输入准备插入的联机图片的关键字，例如 "旅游"。单击右侧的 "搜索" 按钮，如下图所示。

Step03 ❶ 即可在下方显示出搜索结果，在其中选择合适的联机图片选项，❷ 单击 插入 按钮，如下图所示。

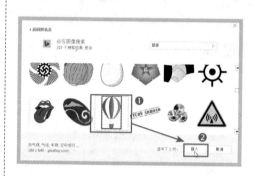

Step04 返回文档中，即可在光标插入点处插入选择的联机图片，如下图所示。

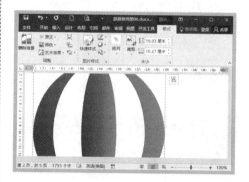

4.3.2 编辑联机图片

插入联机图片之后还需要对其进行编辑才能满足用户的需要。编辑联机图片的具体操作方法如下。

Step01 打开光盘文件 \ 素材文件 \ 第 4 课 \ "旅游宣传册 07.docx"，选中准备编辑的联机图片，右击，在弹出的快捷菜单中选择 "设

置图片格式"命令,如下图所示。

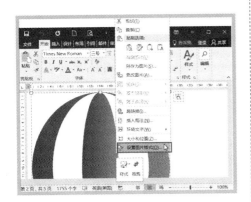

Step02 弹出"设置图片格式"任务窗格,
❶ 单击"效果"按钮,❷ 在"三维旋转"
组合框的"Z 旋转"微调框中输入"10°",
如下图所示。

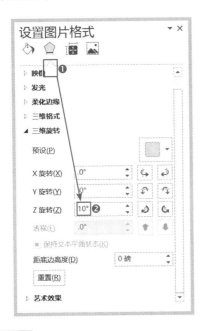

Step03 ❶ 单击"图片"按钮,❷ 在"图片颜色"组合框的"饱和度"微调框中输入"80%",❸ 在"色温"微调框中输入"8,000",如下图所示。

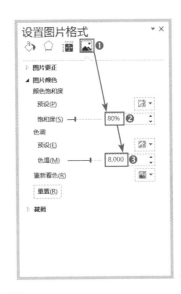

Step04 单击任务窗格右上角的"关闭"按钮,返回 Word 文档中,效果如下图所示。

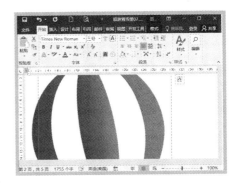

Step05 调整图片的大小,最终效果如下图所示。

4.4　使用形状

使用自选形状，可以帮助用户绘制想要的任何效果图，主要包括插入形状、编辑形状等内容。

▶ 4.4.1　插入形状

Word 2016 中的形状是运用现有的图形，如矩形、圆等基本形状及各种线条或连接符来绘制出的用户需要的图形样式。

形状包括线条、矩形、基本形状、箭头总汇、公式形状、流程图、星与旗帜、标注等类型，各类型又包含了多种形状，用户可以选择相应的形状绘制所需图形。插入形状的具体操作方法如下。

Step01　❶ 打开光盘文件 \ 素材文件 \ 第 4 课 \ "旅游宣传册 08.docx"，切换到"插入"选项卡，❷ 在"插图"功能组中单击"形状"按钮，❸ 在弹出的下拉列表中选择"上凸带形"选项，如下图所示。

Step02　此时鼠标指针呈"+"形状，按住鼠标左键并拖动至目标位置释放鼠标左键，即可绘制出一个上凸带形，如下图所示。

Step03　选中上凸带形，右击，在弹出的快捷菜单中选择"添加文字"命令，如下图所示。

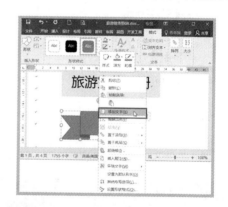

Step04　此时，形状处于可编辑状态，输入文本内容"自由"，如下图所示。

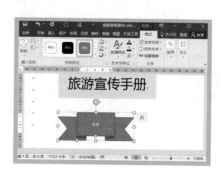

4.4.2 编辑形状

在文档中插入形状之后，为了使其与文档内容更加协调，用户可以设置相关的格式，比如设置形状中的文本、更改形状的大小、位置及样式等。具体操作方法如下。

Step01 ❶ 打开光盘文件 \ 素材文件 \ 第 4 课 \"旅游宣传册 09.docx"，选中文本"自由"，切换到"开始"选项卡，❷ 在"字体"功能组中设置字体为"楷体 -GB2312"，设置"字号"为"小一"，效果如下图所示。

Step02 ❶ 选中形状，切换到"绘图工具 - 格式"选项卡，❷ 在"形状样式"功能组中单击"其他"按钮，如下图所示。

Step03 在弹出的下拉列表中选择合适的主题样式选项，例如选择"浅色 1 轮廓，彩色填充 - 绿色，强调颜色 6"选项，如下图所示。

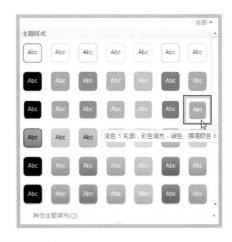

Step04 返回 Word 文档中，即可看到应用的主题样式效果，如下图所示。

Step05 ❶ 在"插入形状"功能组中单击"编辑形状"按钮，❷ 在弹出的下拉列表中选择"更改形状" ❸ 在其下拉菜单中选择"上凸弯带形"选项，如下图所示。

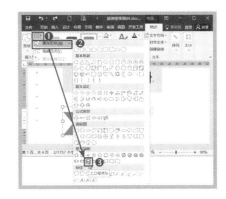

Step06 即可将形状修改为上凸弯带形，如右图所示。

Step07 选中形状，调整图片的大小，如左下图所示。

Step08 ❶选中形状，在"排列"功能组中单击 对齐 按钮，❷在弹出的下拉列表中选择"查看网格线"选项，如右下图所示。

Step09 此时，即可在 Word 文档中显示网格线，用户可以通过网格线将形状拖动至精确的位置，如左下图所示。

Step10 再次单击 对齐 按钮，在弹出的下拉列表中选择"查看网格线"选项，即可取消网格线的显示，返回文档中，形状的设置效果如右下图所示。

4.5　使用 SMARTART 图形

SmartArt 图形是信息和观点的视觉表示形式。可以通过从多种不同布局中进行选择来创建 SmartArt 图形，从而快速、轻松、有效地传达信息。

🌐 4.5.1　创建 SmartArt 图形

Office 2016 为用户提供了更多类型的 SmartArt 图形，用户可以轻松、快捷地创建所需要的图形效果。相对以前 Word 版本中提供的图形功能，SmartArt 图形功能更强大、种类更丰富、效果更生动。使用 SmartArt 图形即可创建具有设计师水准的插图。

在创建 SmartArt 图形之前，需要考虑最适合显示数据的类型和布局，SmartArt 图形要传达的内容是否要求特定的外观等问题。下面将介绍创建 SmartArt 图形的方法，具体操作方法如下。

Step01　❶ 新建一个空白文档，并重命名为 "SmartArt 图形 .docx"，切换到 "插入" 选项卡，❷ 在 "插图" 功能组中单击 "插入 SmartArt 图形" 按钮，如下图所示。

Step02　❶ 弹出 "选择 SmartArt 图形" 对话框，切换到 "循环" 选项卡，❷ 在右侧的图形库中选择合适的循环样式，例如选择 "块循环" 选项，❸ 单击 ⬛ 按钮，如下图所示。

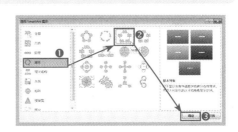

Step03　此时，即可在文档中应用所选的 SmartArt 图形，如下图所示。

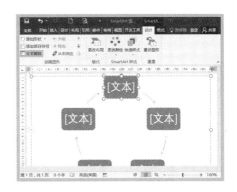

Step04　同时弹出 "在此处键入文字" 文本窗格，如下图所示。

Step05 在其中依次输入文本内容，如下图所示。

Step06 单击"关闭"按钮 ✕，即可看到插入的 SmartArt 图形，如下图所示。

◉ 4.5.2 编辑 SmartArt 图形

当插入 SmartArt 图形之后，如果对图形样式和效果不满意，可以对其进行必要的修改。从整体上讲，SmartArt 图形是一个整体，但它是由图形和文字组成的。因此，Word 允许用户对整个 SmartArt 图形、文字和构成 SmartArt 的子图形分别进行设置和修改。

设置 SmartArt 图形格式的具体操作方法如下。

Step01 ❶ 打开光盘文件\素材文件\第 4 课\"SmartArt 图形 01.docx"，选中整个 SmartArt 图形，切换到"SmartArt 工具－设计"选项卡，❷ 在"版式"功能组中单击"更改

布局"按钮，❸ 在弹出的下拉列表中选择"基本循环"选项，如下图所示。

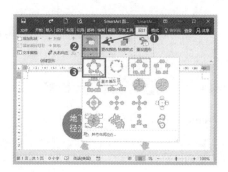

Step02 此时可以看到 SmartArt 布局发生变化，已经应用了所选择的布局样式，如下图所示。

Step03 ❶ 选中整个 SmartArt 图形，在"SmartArt 样式"功能组中单击"更改颜色"按钮，❷ 在弹出的下拉列表中选择"彩色"组合框中的"彩色－个性色"选项，如下图所示。

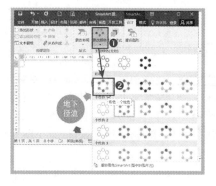

Step04　此时，可以看到文档中的 SmartArt 图形已经应用了所选择的颜色，如下图所示。

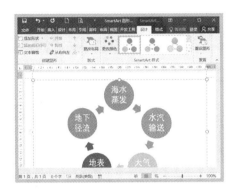

Step05　选中整个 SmartArt 图形，单击"SmartArt 样式"功能组中的"其他"按钮，如下图所示。

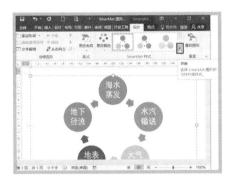

Step06　在弹出的下拉列表中选择合适的样式，例如选择"三维"组合框中的"优雅"选项，如下图所示。

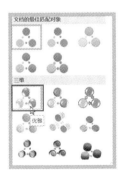

Step07　返回文档中，即可看到 SmartArt 图形的应用效果如下图所示。

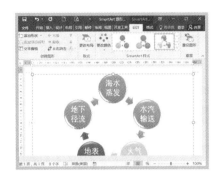

Step08　❶ 选中整个 SmartArt 图形，切换到"SmartArt 工具"栏中的"格式"选项卡，❷ 在"艺术字样式"功能组中单击"文字效果"按钮，❸ 在弹出的下拉列表中选择"发光""金色，11pt 发光，个性色4"选项，如下图所示。

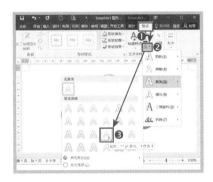

Step09　此时，可以看到 SmartArt 图形已经应用了所选择的艺术字样式，编辑 SmartArt 图形的最终效果如下图所示。

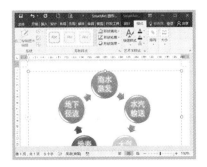

学习问答 (16:15 ~ 16:30)

疑问1：如何旋转文本框？

答：如果用户想要为文本框添加三维旋转效果，则可以通过以下方法实现，具体操作方法如下。

Step01 ❶ 打开光盘文件\素材文件\第4课\"旋转文本框.docx"，选中文本框，切换到"绘图工具－格式"选项卡，❷ 在"形状样式"功能组中单击"形状效果"按钮，❸ 在弹出的下拉列表中选择"三维旋转"/"离轴1右"选项，如下图所示。

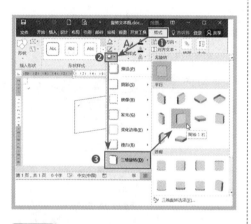

Step02 返回 Word 文档中，文本框的三维旋转效果如下图所示。

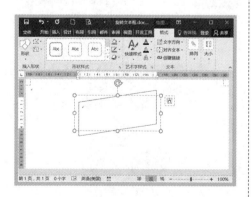

Step03 ❶ 再次单击"形状效果"按钮，❷ 在弹出的下拉列表中选择"三维旋转"/"三维旋转选项"选项，如下图所示。

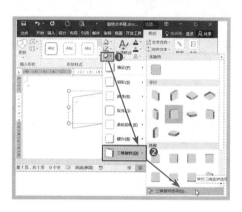

Step04 弹出"设置形状格式"任务窗格，切换到"形状选项"选项卡，单击"效果"按钮，然后分别在"三维格式"和"三维旋转"组合框中设置文本框的厚度及旋转角度等三维旋转效果，如下图所示。

Step05 设置完毕单击"关闭"按钮✕返回文档中，最终设置效果如下图所示。

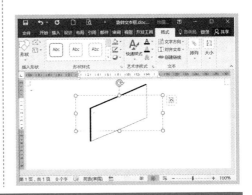

疑问 2：如何将图片裁剪为异形？

答：对于插入文档中的图片，用户可以根据需求对其进行裁剪，将其裁剪为其他形状。要将图片裁剪为其他形状时，具体操作方法如下。

Step01 ❶打开素材文件。光盘\素材\素材文件\第 4 课\"旅游宣传册 10.docx"文件，选中要裁剪的图片，切换到"图片工具-格式"选项卡，❷在"大小"功能组中单击"裁剪"下拉按钮，❸在弹出的下拉列表中选择"裁剪为形状"/"椭圆"选项，如下图所示。

Step02 设置后的效果如下图所示。

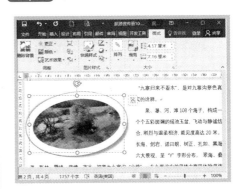

🎗 一点通

裁剪图形注意事项

将图片裁剪为椭圆形，并不是真正地对图形进行裁剪，只是对其进行变形了。

疑问 3：如何快速制作层次结构图？

答：本课介绍了使用 SmartArt 图形制作公司组织结构图的方法，但用户在结构框中是依次输入文本，如果结构图中的结构框比较多，依次输入文本会比较麻烦，接下来介绍怎样快速输入多个文本，具体操作方法如下。

Step01 打开素材文件。光盘\素材\素材文件\第4课\"SmartArt 图形 02.docx"，在文档中输入要添加的文本，输入每个结构框中的文本时，按【Enter】键分行，如下图所示。

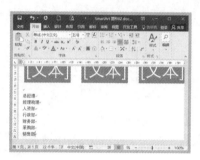

Step02 ❶ 复制输入的文本，选中 SmartArt 图形，切换到"SmartArt 工具 - 设计"选项卡，❷ 在"创建图形"功能组中单击 文本窗格 按钮，如下图所示。

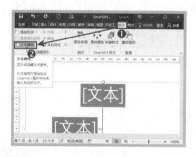

Step03 打开"在此处键入文字"文本窗格，用户可以将内置的空文本框都删除，然后将复制的文本粘贴到该任务窗格中，如下图所示。

Step04 此时所有文本属于同一级别，如下图所示。

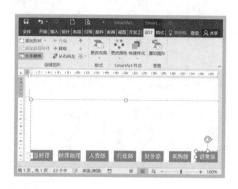

Step05 ❶ 分别选中"人资部"、"行政部"、"财务部"、"采购部"和"销售部"，❷ 在"创建图形"功能组中单击 降级 按钮，如下图所示。

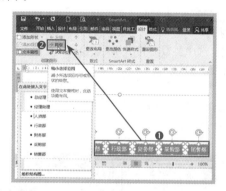

Step06 由于"经理助理"结构框无法通过升降级来实现，这里将其删除，此时"人资部"结构框自动升级，如下图所示。

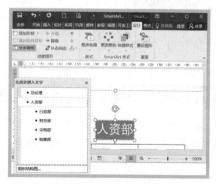

Step07 用户可以在"在此处键入文字"文本窗格中将光标定位到"人资部"中,单击 ⇥降级 按钮,如下图所示。

Step08 关闭"在此处键入文字"文本窗格,效果如下图所示。

Step09 在"总经理"结构框上右击,在弹出的快捷菜单中选择"添加形状"/"添加助理"命令,如下图所示。

Step10 在"助理"结构框中输入"经理助理"即可,最终效果如下图所示。

 过关练习 (16:30～17:00)

通过前面内容的学习,结合相关知识,请读者亲自动手按照要求完成以下过关练习。

练习一:设计公司期刊

应用图文混排的操作技巧帮助用户制作企业内部期刊的具体操作方法如下。

Step01 ❶打开光盘文件\素材文件\第4课\"公司期刊.docx",切换到"插入"选项卡中,❷单击"插图"功能组中的"联机图片"按钮📷,如右图所示。

Step02　❶弹出"插入图片"对话框，在"必应图像搜索"文本框中输入"美丽"，❷然后单击"搜索"按钮，如下图所示。

Step03　❶即可在下方显示出搜索结果，在其中选择合适的联机图片选项，❷单击"插入"按钮，如下图所示。

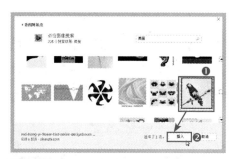

Step04　返回文档中，即可在光标插入点处插入选择的联机图片，调整其大小，如下图所示。

Step05　❶切换到"插入"选项卡，❷在"文本"功能组中单击"文本框"按钮，❸在弹出的下拉列表中选择"绘制文本框"选项，如下图所示。

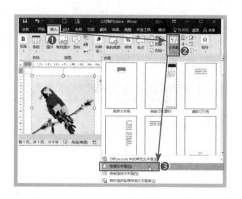

Step06　当鼠标变成"+"形状后，拖动鼠标在文档中绘制一个文本框，输入文本"美丽久久期刊"，然后对文本进行字体设置，效果如下图所示。

Step07　❶选中该文本框，切换到"绘图工具-格式"选项卡，❷在"形状样式"功能组中单击"形状轮廓"下拉按钮，❸在弹出的下拉列表中选择"无轮廓"选项，如下图所示。

Step08　按照相同的方法插入其他文本框，输入相应的文本内容，并对文本框进行格式设置，效果如下图所示。

Step09　❶切换到"插入"选项卡，❷单击"插图"功能组中的"形状"按钮，❸在弹出的下拉列表中选择"直线"选项，如下图所示。

Step10　在合适的位置绘制两条直线，效果如下图所示。

Step11　❶切换到"插入"选项卡，❷单击"插图"功能组中的"图片"按钮，如下图所示。

Step12　❶弹出"插入图片"对话框，找到存放图片的位置，选中要插入的图片，❷单击 插入(S) 按钮，如下图所示。

Step13　选中插入的图片，调整其大小和位置，效果如下图所示。

Step14　公司期刊就制作完成了，最终效果如下图所示。

练习二:制作公司组织结构图

使用本课中介绍的插入 SmartArt 图形功能,制作企业组织结构图,具体操作方法如下。

Step01 ❶打开光盘文件 \ 素材文件 \ 第 4 课 \ "企业组织结构图 .docx"。将光标定位在要插入组织结构图的位置,❷切换到"插入"选项卡,❸在"插图"功能组中单击"SmartArt 图形"按钮,如左下图所示。

Step02 ❶弹出"选择 SmartArt 图形"对话框,切换到"层次结构"选项卡,❷在右侧选择合适的组织结构图,❸单击 确定 按钮,如右下图所示。

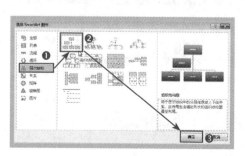

Step03　即可在文档的指定位置插入组织结构图，如右图所示。

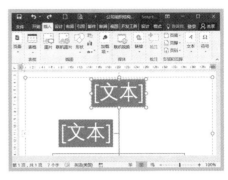

Step04　在组织结构图中输入相应的文本，如左下图所示。

Step05　❶选中"销售部"，❷切换到"SmartArt 工具 - 设计"选项卡，❸单击"创建图形"功能组中的 添加形状 按钮，❹在弹出的下拉列表中选择"在后面添加形状"选项，如右下图所示。

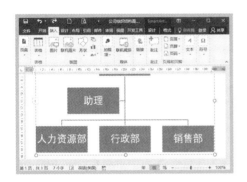

Step06　即可在"销售部"之后插入一个形状，并输入文本"财务部"，如左下图所示。

Step07　按照相同的方法添加其他形状并输入文本，最终效果如右下图所示。

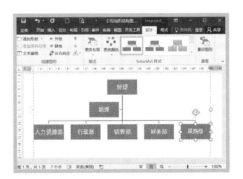

◉ 学习小结

　　本课主要介绍了如何在 Word 文档中插入文本框、图片、形状等各种图形图像。通过在 Word 中使用图文混排功能，可以使文档图文并茂、生动有趣。

学习笔记

第5课

Word 2016 文档的引用、邮件合并与审阅

文档基本信息录入及美化设置完毕，为了使读者便于阅读和理解文档内容，用户在文档中插入题注、脚注或尾注，用于对文档的对象进行解释说明。用户还可以对文档中的内容进行审阅。文档编辑完毕后，为了杜绝他人恶意篡改文档，可以设置文档的安全。

学习建议与计划

时间安排：（19:30 ~ 21:00）

第一天 晚上

🎤 知识精讲（19:30 ~ 20:15）
☆ 文档的引用
☆ 文档的审阅
☆ 文档的安全

👤 学习问答（20:15 ~ 20:30）

📝 过关练习（20:30 ~ 21:00）

知识精讲（19：30 ~ 20：15）

5.1 文档的引用

在编辑文档的过程中，为了使读者便于阅读和理解文档内容，经常在文档中插入题注、脚注或尾注，用于对文档的对象进行解释说明。

5.1.1 插入题注

在插入的图形或表格中添加题注，不仅可以满足排版需要，而且便于读者阅读。

插入题注的具体操作方法如下。

Step01 ❶ 打开光盘文件 \ 素材文件 \ 第 5 课 \ "旅游宣传手册 01.docx"，选中要插入题注的图片，切换到"引用"选项卡，❷ 在"题注"功能组中单击"插入题注"按钮，如下图所示。

Step02 弹出"题注"对话框，然后单击按钮，如下图所示。

Step03 ❶ 弹出"新建标签"对话框，在"标签"文本框中输入"图"，❷ 输入完成后，单击按钮，如下图所示。

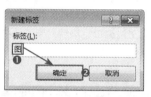

Step04 返回"题注"对话框，此时，"题注"后的文本框自动填充为"图 1"，其他设置保持默认，单击按钮，如下图所示。

Step05 此时返回 Word 文档，即可看到插入题注的效果，如下图所示。

Step06 选中"图 1"，将其居中显示，并将移动至合适位置，如下图所示。

Step07 用户还可以选中图片，右击，在弹出的快捷菜单中选择"插入题注"命令，如下图所示。

Step08 弹出"题注"对话框，此时"题注"后的文本框自动显示为"图 2"，只需单击 确定 按钮即可，如下图所示。

Step09 此时返回 Word 文档，即可看到为第 2 张图片插入题注的效果，如下图所示。

🌐 5.1.2　插入脚注

脚注是对文本的补充说明。脚注一般位于页面的底部，可以作为维度某处内容的注释。

脚注由两个关联的部分组成，包括注释引用标记和其对应的注释文本。

插入脚注的具体操作方法如下。

Step01 ❶ 打开光盘文件\素材文件\第 5 课\"旅游宣传手册 02.docx"，将光标定位至需要插入脚注的位置，❷ 切换到"引用"选项卡，❸ 在"脚注"功能组中单击"插入脚注"按钮，如下图所示。

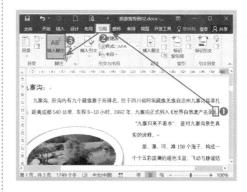

Step02 此时，在文档的底部出现一个脚注分隔符，在分隔符下方输入脚注内容即可，如下图所示。

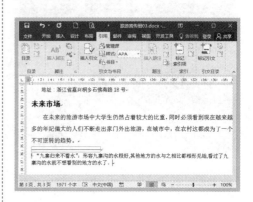

Step02 此时，在文档的结尾出现一个尾注分隔符，在分隔符下方输入尾注内容即可，如下图所示。

Step03 将光标移动到插入脚注的标识上，可以查看脚注内容，如下图所示。

Step03 将光标移动到插入尾注的标识上，可以查看尾注内容，如下图所示。

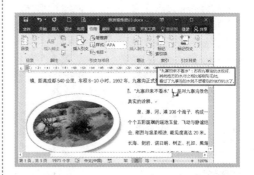

5.1.3 插入尾注

尾注是对文本的补充说明。尾注一般位于文档的末尾，列出引文的出处等。

插入尾注的具体操作方法如下。

Step01 ❶ 打开光盘文件＼素材文件＼第5课＼"旅游宣传手册03.docx"，将光标定位至需要插入尾注的位置，❷ 切换到"引用"选项卡，❸ 在"脚注"功能组中单击"插入尾注"按钮，如下图所示。

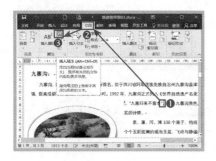

┌─ **小提示** ┊┊┊┊┊ ─┐

设置脚注和尾注

用户还可以在"脚注"功能组中单击"对话框启动器"按钮，在弹出的"脚注和尾注"对话框中设置位置、编码格式等。

5.2 文档的审阅

在日常工作中，某些文件需要领导审阅或者经过大家讨论后才能够执行，所以需要在这些文件上进行一些批示、修改。

5.2.1 添加批注

批注是为文档某些内容添加的注释信息。当某些文件需要修改时，为了能够显示修改的内容，可以使用 Word 中的批注功能。

1．新建批注

新建批注的具体操作方法如下。

Step01 ❶打开光盘文件\素材文件\第 5 课\"旅游宣传手册 04.docx"，选中要添加批注的文本内容，例如选中"西双版"，❷切换到"审阅"选项卡，❸在"批注"功能组中单击"新建批注"按钮，如下图所示。

Step02 此时即可将选中文本的底色变为红色，并且由一个红色线条引出一个红色批注框，显示在文档的右侧空白区域，如下图所示。

Step03 然后在该批注框中输入批注的内容，此处输入"西双版纳"，输入完毕后，单击该批注框以外的其他区域，该批注框的红色变浅，此时即可完成添加批注的操作，如下图所示。

Step04 使用相同的方法，为其他需要添加批注的地方都添加上批注，添加了批注后的效果如下图所示。

2．设置批注

添加了批注之后，用户可以对批注进行格式化设置，设置批注的具体操作方法如下。

选中批注的文本内容，例如选中"西双版纳"，切换到"开始"选项卡，在"字体"功能组中设置批注文本的字体格式，设置效果如下图所示。

3．删除批注

删除批注的方法也很简单，具体操作方法如下。

Step01 ❶选中想要删除的批注，切换到"审阅"选项卡，❷ 在"批注"功能组中单击"删除"按钮的下半部分按钮，❸ 在弹出的下拉列表中选择"删除"选项，如下图所示。

Step02 即可删除批注，如下图所示。

▶ 5.2.2 修订文档

Word 2016 提供了文档修订功能，在打开修订功能的情况下，将会自动跟踪对文档的所有更改，包括插入、删除和格式更改，并对更改的内容做出标记。

1．更改用户名

更改用户名的具体操作方法如下。

Step01 ❶ 打开光盘文件\素材文件\第5课\"旅游宣传手册05.docx"，切换到"审阅"选项卡，❷ 单击"修订"功能组右下角的"对话框启动器"按钮，如下图所示。

Step02 弹出"修订选项"对话框，单击 更改用户名(N)... 按钮，如下图所示。

Step03 ❶弹出"Word 选项"对话框，自动切换到"常规"选项卡，在"对 Microsoft Office 进行个性化设置"组合框的"用户名"文本框中将用户名更改为"ziyou"，在"缩写"文本框中输入"zy"，❷单击 确定 按钮即可，如下图所示。

2．修订文档

修订文档的具体操作方法如下。

Step01 ❶切换到"审阅"选项卡，❷在"修订"功能组中单击"修订"按钮的上半部分按钮，如下图所示。

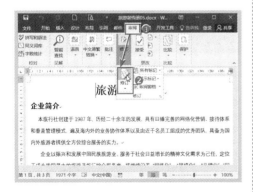

Step02 随即进入修订状态，将文档中的文本"100.00"改为"160.00"，然后将鼠标指针移至修改处，此时自动显示修改效果，如下图所示。

Step03 在文档中添加文本及删除文本的修订效果如下图所示。

Step04 将文档标题"旅游宣传手册"的字号修改为"微软雅黑"，字号修改为"二号"，随即在右侧弹出一个批注框，并显示格式修改的详细信息，如下图所示。

Step05 用户还可以更改修订的显示方式。切换到"审阅"选项卡，在"修订"功能组

中单击 显示标记 按钮，❶ 在弹出的下拉列表中选择"批注框"❷"以嵌入方式显示所有修订"选项，如下图所示。

Step06 所有修订都以嵌入的方式显示，如下图所示。

Step07 当所有的修订完成以后，用户可以通过"导航窗格"功能，通篇浏览所有的审阅摘要。❶ 在"修订"功能组中单击 审阅窗格 下拉按钮，❷ 在弹出的下拉列表中选择"垂直审阅窗格"选项，如下图所示。

Step08 此时在文档的左侧出现一个导航窗格，并显示审阅记录，如下图所示。

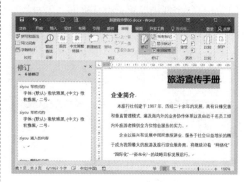

5.2.3　更改文档

文档的修订工作完成以后，用户可以跟踪修订内容，并执行接受或拒绝。

更改文档的具体操作方法如下。

Step01 ❶ 打开光盘文件 \ 素材文件 \ 第 5 课 \ "旅游宣传手册 06.docx"，切换到"审阅"选项卡，❷ 在"更改"功能组中单击"上一条修订"按钮或"下一条修订"按钮，可以定位到当前修订的上一条或下一条，如下图所示。

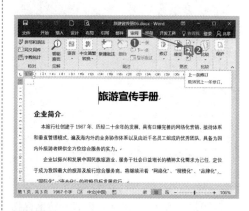

Step02 ❶ 在"更改"功能组中单击"接受"按钮下半部分按钮，❷ 在弹出的下拉列表中选择"接受所有修订"选项，如下图所示。

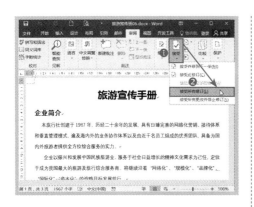

Step03 审阅完毕，单击"修订"功能组中的"修订"按钮，随即退出修订状态。然后

删除相关的批注即可，文档的最终效果如下图所示。

5.3　邮件合并

　　在 Office 2016 中，先建立两个文档：一个 Word 包括所有文件共有内容的主文档（比如未填写的信封等）和一个包括变化信息的数据源 Excel（填写的收件人、发件人、邮编等），然后使用邮件合并功能在主文档中插入变化的信息，合成后的文件用户可以保存为 Word 文档，可以打印出来，也可以以邮件形式发出去。

　　邮件合并功能不仅能处理与邮件相关的文档，还可以帮助用户批量制作标签、工资条、邀请函等。

● 5.3.1　创建中文信封

　　使用 Word 的邮件功能制作中文信封的具体操作方法如下。

Step01 ❶新建一个空白文档，切换到"邮件"选项卡，❷单击"创建"功能组中的"中文信封"按钮，如下图所示。

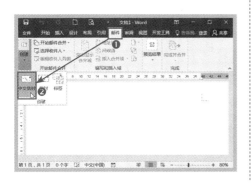

Step02 弹出"信封制作向导"对话框，单击 下一步(N)> 按钮，如下图所示。

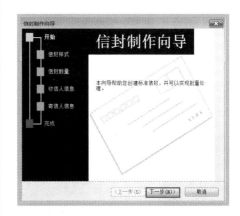

Step03 弹出"选择信封样式"对话框，保持选项设置不变，单击 下一步(N)> 按钮，如下图所示。

Step04 弹出"选择生成信封的方式和数量"对话框，保持设置不变，单击 下一步(N)> 按钮，如下图所示。

Step05 ❶ 弹出"输入收信人信息"对话框，在其中输入收信人信息，❷ 输入完毕单击 下一步(N)> 按钮，如下图所示。

Step06 ❶ 弹出"输入寄信人信息"对话框，在其中输入寄信人信息，❷ 输入完毕单击 下一步(N)> 按钮，如下图所示。

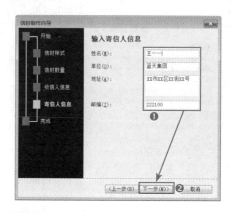

Step07 此时信封制作向导完成，单击 完成(F) 按钮，如下图所示。

Step08 返回 Word 文档中，即可看到中文信封的制作效果，如下图所示。

5.3.2　开始邮件合并

接下来通过制作标签介绍"开始邮件合并"功能。具体操作方法如下。

Step01　打开光盘文件\素材文件\第5课\"源数据.xlsx"和"标签.docx"，如下图所示。

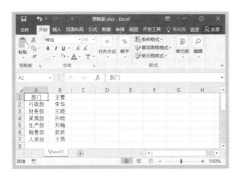

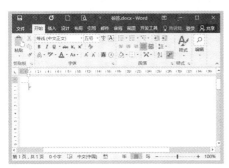

Step02　❶切换到"邮件"选项卡，❷在"开始邮件合并"功能组中单击 开始邮件合并▼ 按钮，❸在弹出的下拉列表中选择"标签"选项，如下图所示。

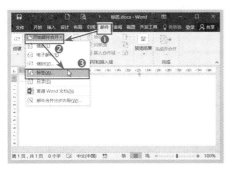

Step03　❶打开"标签选项"对话框，在"产品编号"列表框中选择"A4（纵向）"选项，在右侧"标签信息"组合框中显示出所选产品编号的信息，❷单击 新建标签(N)... 按钮，如下图所示。

Step04　❶打开"标签详情"对话框，在"标签名称"文本框中输入"标签"，❷在"标签列数"和"标签行数"微调框中分别输入标签的行数和列数，这里分别输入"4"和"8"，设置"上边距"为"0.4厘米"，"侧边距"为"0.4厘米"，"标签高度"为"3厘米"，"标签宽度"为"4.4厘米"，"纵向跨度"为"3.3厘米"，"横向跨度"为"4.8厘米"，❸在"页面大小"下拉列表中选择"A4"选项，❹单击 确定 按钮，如下图所示。

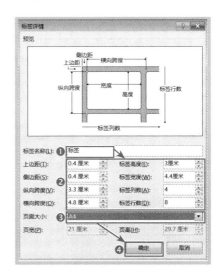

Step05 返回"标签选项"对话框，在"产品编号"列表框中显示出制作的"标签"，并在右侧"标签信息"组合框中显示标签信息，如下图所示。

Step06 单击 确定 按钮返回文档，即可在文档中插入设计的标签表格，但是插入的表格不显示框线，如下图所示。

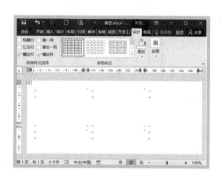

Step07 ❶为了方便查看，单击表格左上角的⊞按钮选中整个表格，❷在"边框"功能组中单击"边框"按钮的下半部分按钮，❸在弹出的下拉列表中选择"所有框线"选项，如下图所示。

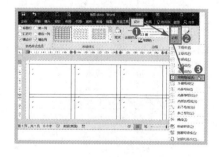

Step08 即可显示出标签表格的框线，效果如下图所示。

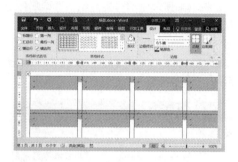

Step09 ❶切换到"邮件"选项卡，❷在"开始邮件合并"功能组中单击 选择收件人 按钮，❸在弹出的下拉列表中选择"使用现有列表"选项，如下图所示。

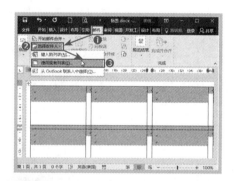

Step10 ❶弹出"选择数据源"对话框，在"保存位置"文本框中找到要插入数据源的保存位置，❷选择"源数据.xlsx"选项，❸单击 打开(O) 按钮，如下图所示。

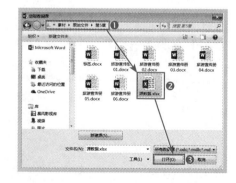

Step11 弹出"选择表格"对话框，因为数据源中只有一个工作表"Sheet1"，所以这里默认选择"Sheet1$"选项，单击 确定 按钮，如下图所示。

Step12 返回文档中，将光标定位在第一个单元格中，在"编写和插入域"功能组中单击 插入合并域 · 按钮，如下图所示。

Step13 ❶弹出"插入合并域"对话框，在"插入"组合框中选中"数据库域"单选按钮，❷在"域"列表框中选择"部门"选项，❸单击 插入(I) 按钮，如下图所示。

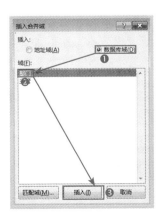

Step14 单击 关闭 按钮关闭"插入合并域"对话框返回文档中，在"编写和插入域"功能组中单击"更新标签"按钮，如下图所示。

Step15 ❶在"完成"功能组中单击"完成并合并"按钮，❷在弹出的下拉列表中选择"编辑单个文档"选项，如下图所示。

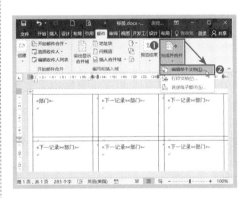

Step16 ❶弹出"合并到新文档"对话框，在"合并记录"组合框中选择设置要合并的范围，这里选中"全部"单选按钮，❷单击 确定 按钮，如下图所示。

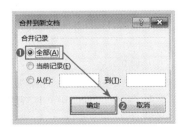

Step17 新建了一个名为"标签1"的新文档，"数据源.xlsx"中的部门数据分布在文档的标签框中，如右图所示。

5.4 文档的安全

为了杜绝他人恶意篡改文档，可以对其进行文档保护。文档保护在第1课已经涉及，在此不再赘述，本节将主要介绍使用超链接和使用控件两部分内容。

⊙ 5.4.1 使用超链接

所谓的超链接是指从一个网页指向一个目标的链接关系。这个目标可以是一个网页，可以是相同网页中的不同位置，可以是一幅图片，一个电子邮件地址，一个文件甚至是一个应用程序。而网页中用来超链接的对象可以是一段文本，也可以是一幅图片。使用超连接主要包括插入超链接、编辑或更改超链接和删除超链接等内容。

1．创建超链接

Word 2016 为用户提供了 4 种链接的方式，分别为：链接到现有的文件或网络、链接到本文档中的位置、链接到新建文档和链接到电子邮件地址。创建好的超链接一般用带下画线的蓝色文本来表示。

创建超链接的具体操作方法如下。

Step01 ❶打开光盘文件＼素材文件＼第5课＼"旅游宣传手册07.docx"，选中要插入超链接的文本，此处选中文本"故宫"，切换到"插入"选项卡，❷在"链接"功能组中单击"超链接"按钮，如下图所示。

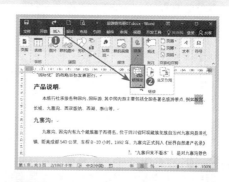

Step02 ❶弹出"插入超链接"对话框，在"链接到"组合框选择"现有文件或网络"选项，❷在中间的选项列表中选择"当前文件夹"选项，❸在右侧的列表框中选择需要链接到的文件"故宫介绍.docx"选项，❹单击右侧的 屏幕提示(P)... 按钮，如下图所示。

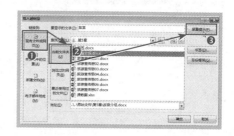

Step03 ❶ 弹出"设置超链接屏幕提示"对话框，在"屏幕提示文字"文本框中输入链接的文本信息"故宫简介"，❷ 输入完毕单击 确定 按钮，如下图所示。

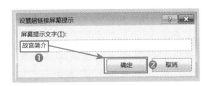

Step04 返回"插入超链接"对话框，单击 确定 按钮，即可关闭"插入超链接"对话框返回 Word 文档，此时即可看到为所选文字添加超链接后的效果，如下图所示。

2．编辑超链接

用户可以对创建的超链接进行设置，具体操作方法如下。

Step01 选中超链接文本，右击，在弹出的快捷菜单中选择"编辑超链接"命令，如下图所示。

Step02 ❶ 弹出"编辑超链接"对话框，在"链接到"组合框选择"现有文件或网页"选项，❷ 选择"当前文件夹"选项，❸ 在右侧的列表框中选择需要链接到的文件"故宫介绍 .docx"选项，❹ 单击右侧的 屏幕提示(P)... 按钮，如下图所示。

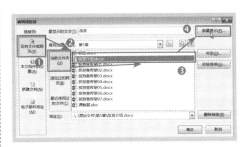

Step03 ❶ 弹出"设置超链接屏幕提示"对话框，在"屏幕提示文字"文本框中修改链接的文本信息为"故宫介绍"，❷ 修改完毕，单击 确定 按钮，如下图所示。

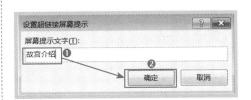

Step04 返回"插入超链接"对话框，再次单击 确定 按钮，即可关闭"插入超链接"对话框返回 Word 文档，此时即可看到为编辑超链接后的效果，如下图所示。

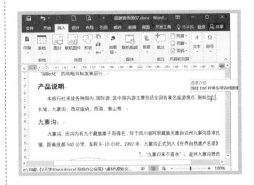

3．删除超链接

用户可以直接删除超链接，由于超链接删除程度的不同，其删除的方法也不同，一种是将超链接与文本一起删除，另一种是将超链接删除而保留文本。用户可以根据工作需要选择适当的方法。

（1）完全删除超链接

选中超链接文本"故宫"，直接按【Delete】键，可以看到文本及超链接全部被删除，如下图所示。

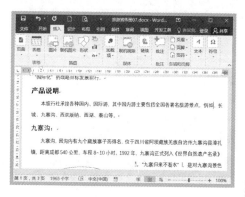

（2）只删除超链接

选中超链接文本，右击，在弹出的快捷菜单中选择"取消超链接"命令，即可删除超链接但保留文本，如下图所示。

🌐 5.4.2　使用控件

用户在编辑 Word 文档的过程中有时需要用到开发工具。Word 2016 "开发工具"功能区主要包括 VBA 代码、宏代码、模板和控件等开发工具。

1．显示"开发工具"选项卡

如果 Word 功能区中没有显示"开发工具"选项卡，此时用户需要手动设置使其显示。具体操作方法如下。

Step01　在 Word 文档中单击 文件 按钮，在弹出的界面中选择"选项"选项，如下图所示。

Step02　❶弹出"Word 选项"对话框，切换到"自定义功能区"选项卡，❷在"自定义功能区"的"主选项卡"列表框中选中"开发工具"复选框，❸单击 确定 按钮，如下图所示。

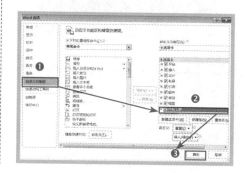

Step03 返回 Word 文档中，可以在功能区看到"开发工具"选项卡，如下图所示。

2．使用控件

在 Word 文档中用户可以使用单选按钮和复选框控制按钮来设置项目信息，以方便用户所需的项目。具体操作方法如下。

Step01 ❶打开光盘文件\素材文件\第 5 课\"满意度调查 .docx"，将光标定位至要插入单选钮的位置，❷切换到"开发工具"选项卡，❸在"控件"功能组中单击"旧式工具"按钮 🔧，❹在弹出的下拉列表中选择"ActiveX 控件"组合框中的"选项按钮"选项，如下图所示。

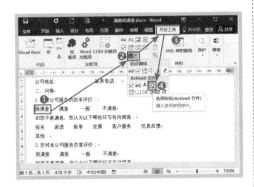

Step02 此时，系统会自动插入一个名为"OptionButton1"的选项按钮，如下图所示。

Step03 在该控件按钮上右击，在弹出的快捷菜单中选择"属性"命令，如下图所示。

Step04 ❶弹出"属性"对话框，自动切换到"按字母序"选项卡，选择"Caption"选项，将其右侧的文本框中的信息删除，❷选择"Height"选项，在右侧文本框中输入按钮高度"10.2"，❸选择"Width"选项，在右侧的文本框中输入按钮宽度"12"，如下图所示。

Step05 单击"关闭"按钮❌，关闭"属性"对话框，单选按钮效果如下图所示。

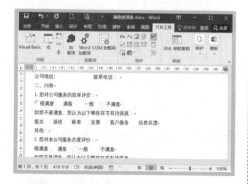

Step06 将光标定位至要插入复选框的位置，在"控件"功能组中单击"旧式工具"按钮，在弹出的下拉列表中选择"ActiveX 控件"组合框中的"复选框"选项，如下图所示。

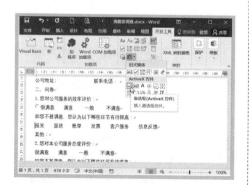

Step07 系统会自动插入一个名为"CheckBox1"的复选框，如下图所示。

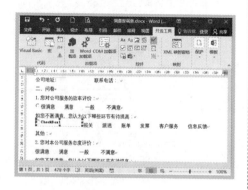

Step08 按照前面介绍的方法打开"属性"对话框，对该复选框进行设置，效果如下图所示。

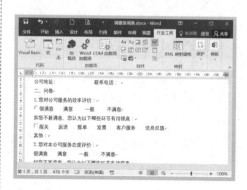

Step09 按照相同的方法添加其他控件按钮，最终效果如下图所示。

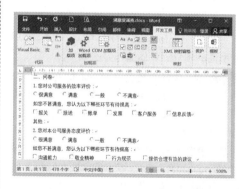

3. 常见"属性"窗口的属性含义

插入控件之后，用户还需对其进行属性设置，下面对主要的属性名称做出含义解释。

属性名称	含　义
BackColor	指定背景颜色
Caption	指定标题
Font	指定字体
Height	指定窗体的高度
Width	指定窗体的宽度
Left	指定窗体左上角 x 轴方向的值
Top	指定窗体左上角 y 轴方向的值
Picture	在窗体中插入背景图片
Enabled	指定窗体是否可用
ScrollBars	指定窗体是否有滚动滑块

(20:15 ～ 20:30)

疑问 1：如何隐藏文档中的批注？

答：如果在 Word 文档中添加的批注多且杂乱，为了文档整体美观，用户可以将其隐藏。隐藏批注的具体操作方法如下。

❶ 在 Word 文档中，切换到"审阅"选项卡，❷ 在"修订"功能组中单击"显示以供审阅"按钮 所有标记，❸ 在弹出的下拉列表中选择"无标记"或"原始状态"选项，即可将文档中的批注隐藏，如下图所示。

> **小提示**
>
> **显示批注**
>
> 　若要显示批注，在"修订"功能组中单击"显示以供审阅"按钮 所有标记，在弹出的下拉列表中可以选择"所有标记"或"简单标记"选项。

疑问 2：如何用匿名显示批注？

答：在 Word 文档中插入批注时，审阅者姓名或缩写就会显示在批注中。如果不想显示审阅者的信息，则用户可以将审阅者设置为匿名。

要匿名显示批注的具体操作方法如下。

Step01　❶ 打开光盘文件\素材文件\第 5 课\"旅游宣传手册 05.docx"，单击 文件 按钮，在弹出的界面中选择"信息"选项，❷ 在"信息"界面中单击"检查问题"按钮，❸ 在弹出的下拉列表中选择"检查文档"选项，如下图所示。

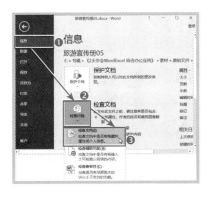

Step02　弹出"文档检查器"对话框，单击 检查(I) 按钮，如下图所示。

Step03　即可对文档进行检查，如下图所示。

Step04 检查完毕，单击"文档属性和个人信息"右侧的 全部删除 按钮即可，如右图所示。重新打开文档时，文档中的所有批注都不会出现审阅者的姓名或缩写。

疑问 3：如何在邮件合并域中将年月日分开？

答：用户可以使用邮件合并功能，将数据源中包含年、月、日的日期，以分开插入的形式合并到主文档中。

要在邮件合并域中将年月日分开的具体操作方法如下。

Step01 ❶ 打开光盘文件 \ 素材文件 \ 第 5 课 \ "在邮件合并域中将年月日分开 .docx" 文件，切换到"邮件"选项卡，❷ 在"开始邮件合并"功能组中单击 开始邮件合并▾ 按钮，❸ 在弹出的下拉列表中选择"目录"选项，如下图所示。

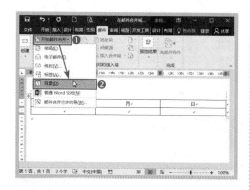

Step02 ❶ 切换到"邮件"选项卡，❷ 在"开始邮件合并"功能组中单击 选择收件人▾ 按钮，❸ 在弹出的下拉列表中选择"使用现有列表"选项，如下图所示。

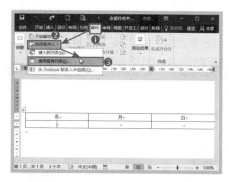

Step03 ❶ 弹出"选择数据源"对话框，在"保存位置"文本框中找到要插入数据源的保存位置，❷ 选择"源数据 .xlsx"选项，❸ 单击 打开(O) 按钮，如下图所示。

Step04 弹出"选择表格"对话框，因为数据源中只有一个工作表"Sheet1"，所以这里默认选择"Sheet1$"选项，单击 确定 按钮，如下图所示。

Step05 将插入点定位在 Word 文档第一个空白单元格中（在要插入年的地方），按下【Ctrl+F9】组合键，插入域符号"{ }"，在其中输入"mergefield" 日期 "\@"yyyy""，如下图所示。

Step06 按【F9】键，即可更新域，将插入点定位到要插入"月"的单元格中，按【Ctrl+F9】组合键，插入一对域符号"{ }"，然后输入"mergefield" 日期 "\@"M""，如下图所示。

Step07 按照上述的操作，在要输入"日"的空白单元格中插入"{ mergefield" 日期 "\@"d"}"域，如下图所示。

Step08 ❶ 按【F9】键，切换到"邮件"选项卡，在"完成"功能组中单击"完成并合并"按钮，❷ 在弹出的下拉列表中选择"编辑单个文档"选项，如下图所示。

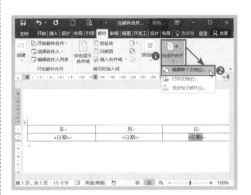

Step09 打开"合并到新文档"对话框，选中"全部"单选按钮，然后单击 确定 按钮，如下图所示。

Step10 即可新建一个新文档"目录1"，可以看到分开的年月日效果如下图所示。

过关练习 （20：30～21：00）

通过前面内容的学习，结合相关知识，请读者亲自动手按照要求完成以下过关练习。

练习一：修订薪资管理制度

接下来通过修订薪资管理制度文件来介绍在文档中插入批注的方法。具体操作方法如下。

Step01 ❶ 打开光盘文件\素材文件\第5课\"薪资管理制度.docx"文件，选中文本"津贴"，切换到"审阅"选项卡，❷ 在"批注"功能组中单击"新建批注"按钮，如下图所示。

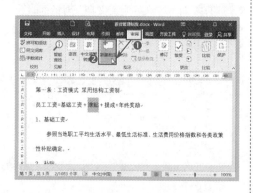

Step02 在批注框中输入文本"补贴"，添加批注的效果如下图所示。

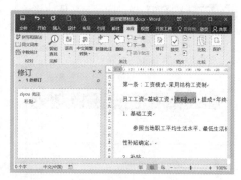

Step03 ❶ 在"更改"功能组中单击"接受"按钮的下半部分按钮，❷ 在弹出的下拉列表中选择"接受所有修订"选项。如下图所示。

辑文档的最终效果，如下图所示。

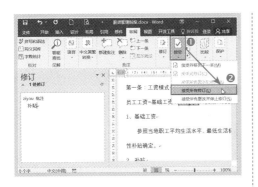

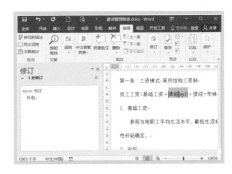

Step04 返回 Word 文档，此时可以看到编

练习二：制作面试通知书

在日常工作中，有时需要制作各种通知书，使用 Word 提供的"开始邮件合并"功能制作通知书既快捷又准确。具体操作方法如下。

Step01 ❶ 打开光盘文件 \ 素材文件 \ 第 5 课 \"面试通知书 .docx"文件，切换到"邮件"选项卡，❷ 在"开始邮件合并"功能组中单击 开始邮件合并 按钮，❸ 在弹出的下拉列表中选择"普通 Word 文档"选项，如下图所示。

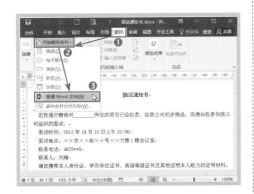

Step02 ❶ 在"开始邮件合并"功能组中单击 选择收件人 按钮，❷ 在弹出的下拉列表中选择"使用现有列表"选项，如下图所示。

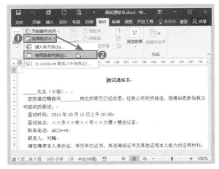

Step03 ❶ 打开"选择数据源"对话框，找到保存数据源的位置，❷ 选择"面试人员信息 .xlsx"选项，❸ 单击 打开(O) 按钮，如下图所示。

Step04 打开"选择表格"对话框，单击 确定 按钮，如下图所示。

Step05 在"开始邮件合并"功能组中单击 编辑收件人列表 按钮，如下图所示。

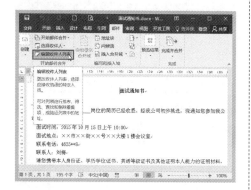

Step06 弹出"邮件合并收件人"对话框，默认是全选，这里保持全选不变，单击 确定 按钮，如下图所示。

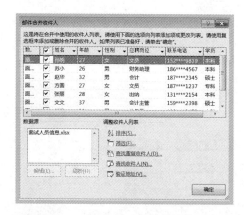

Step07 ❶ 在 Word 文档中选中要插入姓名的位置，❷ 在"编写和插入域"功能组中单击

插入合并域 ▼按钮右侧的下箭头按钮 ▼，❸ 在弹出的下拉列表中选择"姓名"选项，如下图所示。

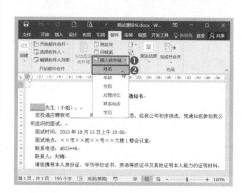

Step08 即可在其中插入姓名域，按照相同的方法在 Word 文档中插入应聘岗位域，如下图所示。

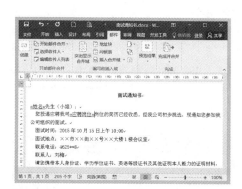

Step09 ❶ 在"完成"功能组中单击"完成并合并"按钮，❷ 在弹出的下拉列表中选择"编辑单个文档"选项，如下图所示。

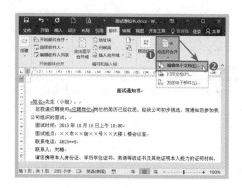

Step10　❶ 打开"合并到新文档"对话框，在"合并记录"组合框中选中"全部"单选按钮，❷ 单击 [确定] 按钮，如下图所示。

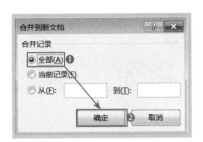

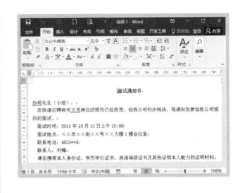

Step11　即可生成一个合并后的新文档"信函 1"。由于本实例的数据源中共有 8 条记录，所以生成的文档"信函 1"为 8 页，即针对每个人员生成一页面试通知书，如下图所示。

⊙ 学习小结

本课主要介绍了怎样在 Word 文档中使用表格和图表功能。通过在 Word 中使用表格和图表功能，可以使文档信息更加直观形象地表达出来。

第6课
Excel 2016 电子表格创建与编辑

表格可以进行各种数据的处理、统计分析和辅助决策操作，广泛地应用于管理、统计、财经、金融等众多领域。为了能够更好地满足日常工作的需要，及时并准确地掌握 Excel 2016 的操作将成为相关办公人员必备的技能。本课主要介绍 Excel 2016 表格的基本操作。

 学习建议与计划

时间安排：（8:30 ～ 10:00）

第二天 上午

🎤 知识精讲（8:30 ～ 9:15）
 ☆ 工作簿的基本操作
 ☆ 工作表的基本操作
 ☆ 单元格的基本操作
 ☆ 应用样式和主题

👤 学习问答（9:15 ～ 9:30）

📝 过关练习（9:30 ～ 10:00）

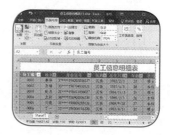

6.1 工作簿的基本操作

工作簿是指用来存储并处理工作数据的文件，它是 Excel 工作区中一个或多个工作表的集合。

工作簿的基本操作主要包括新建工作簿、保存工作簿、保护和共享工作簿等。

6.1.1 新建工作簿

用户既可以新建一个空白工作簿，也可以创建一个基于模板的工作簿。

1．新建空白工作簿

Step01 通常情况下，每次启动 Excel 2016 后，在 Excel 开始界面，单击"空白工作簿"选项，如下图所示。

Step02 即可创建一个名为"工作簿 1"的空白工作簿，如下图所示。

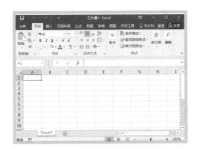

Step03 单击 文件 按钮，在弹出的界面中选择"新建"选项，系统会打开"新建"界面，在列表框中选择"空白工作簿"选项，也可以新建一个空白工作簿，如下图所示。

2．创建基于模板的工作簿

Excel 2016 为用户提供了多种类型的模板样式，可以满足用户大多数设置和设计工作的要求。启动 Excel 2016 时，即可看到预算、日历、清单和发票等模板。

创建基于模板的工作簿的具体操作方法如下。

Step01 单击 文件 按钮，在弹出的界面中选择"新建"选项，系统会打开"新建"界面，然后在列表框中选择模板，例如选择"项目预算"选项，如下图所示。

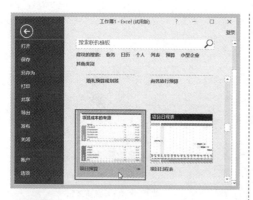

Step02 弹出界面介绍此模板，单击"创建"按钮，如下图所示。

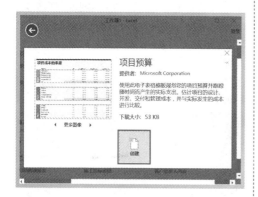

Step03 即可连网下载选择的模板，如下图所示。

Step04 下载完毕，即可看到模板效果如下图所示。

6.1.2 保存工作簿

创建或编辑工作簿后，用户可以将其保存起来，以供日后查阅。保存工作簿可以分为保存新建的工作簿、保存已有的工作簿和自动保存工作簿 3 种情况。

1．保存新建的工作簿

保存新建工作簿的具体操作方法如下。

Step01 新建一个空白工作簿后，单击 文件 按钮，在弹出的界面中选择"保存"选项，如下图所示。

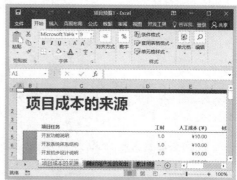

Step02 此时为第一次保存工作簿，系统会打开"另存为"界面，在此界面中选择"浏览"选项，如下图所示。

Step03 ❶ 弹出"另存为"对话框，在左侧的"保存位置"列表框中选择保存位置，❷ 在"文件名"文本框中输入文件名"员工信息明细表 .xlsx"，如下图所示。

Step04 设置完毕，单击 保存(S) 按钮即可，如下图所示。

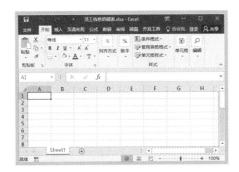

2 . 保存已有的工作簿

如果用户对已有的工作簿进行了编辑操作，也需要进行保存。对于已存在的工作簿，用户既可以将其保存在原来的位置，也可以将其保存在其他位置。

如果用户想将工作簿保存在原来的位置，方法很简单，直接单击快速访问工具栏中的"保存"按钮 即可，如下图所示。

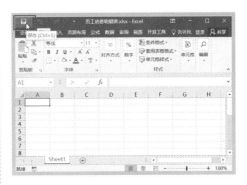

如果想将修改后的工作簿保存在其他位置或保存为其他名称，按照上述介绍的方法打开"另存为"对话框，修改"保存位置"或"文件名"，单击 保存(S) 按钮即可。

3 . 自动保存工作簿

使用 Excel 2016 提供的自动保存功能，可以在断电或死机的情况下最大限度地减小损失。设置自动保存的具体操作方法如下。

Step01 单击 文件 按钮，在弹出的界面中选择"选项"选项，如下图所示。

Step02 ❶ 弹出"Excel 选项"对话框，切换到"保存"选项卡，❷ 在"保存工作簿"组合框的"将文件保存为此格式"下拉列表中选择"Excel 工作簿 (*.xlsx)"选项，❸ 选中"保存自动恢复信息时间间隔"复选框，并在其右侧的微调框中设置为"6分钟"，如下图所示。

Step03 设置完毕，单击 确定 按钮即可，以后系统就会每隔6分钟自动将该工作簿保存一次。

◎ 6.1.3 保护和共享工作簿

在日常办公中，为了保护公司机密，用户可以对相关的工作簿设置保护；为了实现数据共享，还可以设置共享工作簿。本小节设置的密码均为"111"。

1．保护工作簿

用户既可以对工作簿的结构进行密码保护，也可以设置工作簿的打开和修改密码。

（1）保护工作簿的结构

保护工作簿的结构的具体操作方法如下。

Step01 ❶ 打开光盘文件 \ 素材文件 \ 第6课 \ "员工信息明细表01.xlsx"，切换到"审阅"选项卡，❷ 单击"更改"功能组中的 保护工作簿 按钮，如下图所示。

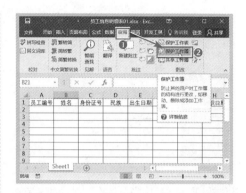

Step02 ❶ 弹出"保护结构和窗口"对话框，选中"结构"复选框，❷ 在"密码"文本框中输入"111"，❸ 单击 确定 按钮，如下图所示。

Step03 ❶ 弹出"确认密码"对话框，在"重新输入密码"文本框中输入"111"，❷ 单击 确定 按钮即可，如下图所示。

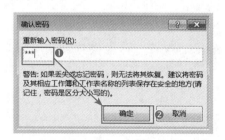

（2）设置工作簿的打开和修改密码

为工作簿设置打开和修改密码的具体操作方法如下。

Step01 单击 文件 按钮，在弹出的界面中选择"另存为"选项，弹出"另存为"界面，在此界面中选择"浏览"选项，如下图所示。

Step02 ❶ 弹出"另存为"对话框，从中选择合适的保存位置，单击 工具(L) ▾ 按钮，❷ 在弹出的下拉列表中选择"常规选项"选项，如下图所示。

Step03 ❶ 弹出"常规选项"对话框，在"文件共享"组合框中的"打开权限密码"和"修改权限密码"文本框中均输入"111"，选中"建议只读"复选框，❷ 单击 确定 按钮，如下图所示。

Step04 ❶ 弹出"确认密码"对话框，在"重新输入密码"文本框中输入"111"，❷ 单击 确定 按钮，如下图所示。

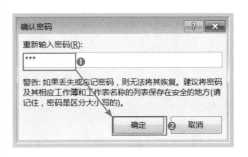

Step05 ❶ 弹出"确认密码"对话框，在"重新输入修改权限密码"文本框中输入"111"，❷ 单击 确定 按钮，如下图所示。

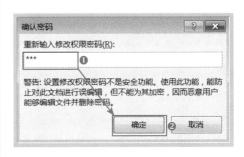

Step06 返回"另存为"对话框，单击 保存(S) 按钮，此时弹出"确认另存为"提示对话框，再单击 是(Y) 按钮，如下图所示。

Step07 当用户再次打开该工作簿时，系统便会自动弹出"密码"对话框，要求用户输入打开文件所需的密码，这里在"密码"文本框中输入"111"，如下图所示。

Step08 单击 确定 按钮，弹出"密码"对话框，要求用户输入修改密码，在"密码"文本框中输入"111"，如下图所示。

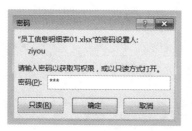

Step09 单击 确定 按钮，弹出"Microsoft Excel"提示对话框，提示用户"……是否以只读方式打开"，此时单击 否(N) 按钮即可打开并编辑该工作簿，如下图所示。

2．撤销保护工作簿

如果用户不需要对工作簿进行保护，可以将其撤销。

（1）撤销对结构和窗口的保护

切换到"审阅"选项卡，单击"更改"功能组中的 保护工作簿 按钮，弹出"撤销工作簿保护"对话框，在"密码"文本框中输入"111"，然后单击 确定 按钮即可，如下图所示。

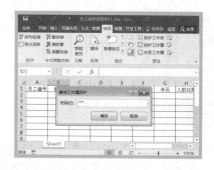

（2）撤销对整个工作簿的保护

撤销对整个工作簿的保护的具体操作方法如下。

Step01 按照上述介绍的方法打开"另存为"对话框，从中选择合适的保存位置，然后单击 工具(L) 按钮，在弹出的下拉列表中选择"常规选项"选项，如下图所示。

Step02 ❶ 弹出"常规选项"对话框，将"打开权限密码"和"修改权限密码"文本框中的密码删除，取消选中"建议只读"复选框，❷ 单击 确定 按钮，如下图所示。

Step03 返回"另存为"对话框，然后单击 保存(S) 按钮，此时弹出"确认另存为"提

示对话框，再单击 是(Y) 按钮，如下图所示。

3．共享工作簿

用户还可以共享工作簿，实现多个用户对信息的同步录入。

共享工作簿的具体操作方法如下。

Step01 ❶ 切换到"审阅"选项卡，❷ 单击"更改"功能组中的 共享工作簿 按钮，如下图所示。

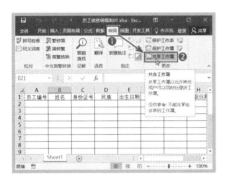

Step02 ❶ 弹出"共享工作簿"对话框，切换到"编辑"选项卡，选中"允许多用户同时编辑，同时允许工作簿合并"复选框，❷ 单击 确定 按钮，如下图所示。

Step03 弹出"Microsoft Excel"提示对话框，提示用户"……是否继续？"，单击 确定 按钮，如下图所示。

Step04 即可共享当前工作簿。工作簿共享后在标题栏中会显示"[共享]"字样，如下图所示。

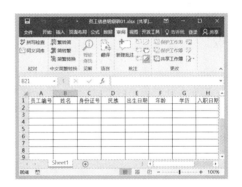

Step05 取消共享的方法也很简单，按照上述介绍的方法，打开"共享工作簿"对话框，切换到"编辑"选项卡，取消选中"允许多用户同时编辑，同时允许工作簿合并"复选框，如下图所示。

Step06 设置完毕单击 确定 按钮，弹出 "Microsoft Excel"提示对话框，提示用户"……是否取消工作簿的共享？"，单击 是(Y) 按钮即可，如下图所示。

> **小提示** ┊┊┊┊┊
>
> **多用户同步共享**
>
> 共享工作簿以后，要将其保存在其他用户可以访问到的网络位置上，例如保存在共享网络文件夹中，此时才可实现多用户的同步共享。

6.2 工作表的基本操作

> 工作表是 Excel 的基本单位，用户可以对其进行插入或删除、隐藏或显示、移动或复制、重命名、设置工作表标签颜色及保护工作表等基本操作。

◉ 6.2.1 插入和删除工作表

工作表是工作簿的组成部分，默认每个新工作簿中包含 1 个工作表，命名为"Sheet1"。用户可以根据工作需要插入或删除工作表。

1. 插入工作表

在工作簿中插入工作表的具体操作方法如下。

Step01 打开光盘文件\素材文件\第 6 课\ "员工信息明细表 02.xlsx"，在工作表标签 "Sheet1"上右击，然后在弹出的快捷菜单中选择"插入"命令，如下图所示。

Step02 弹出"插入"对话框，自动切换到"常用"选项卡，选择"工作表"选项，如下图所示。

Step03 单击 确定 按钮，即可在工作表 "Sheet1" 的左侧插入一个新的工作表 "Sheet2"，如下图所示。

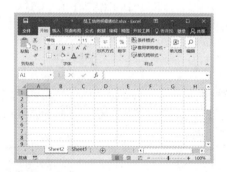

Step04 除此之外，用户还可以在工作表列表区的右侧单击"新工作表"按钮⊕，在工作表"Sheet2"的右侧插入新工作表"Sheet3"，如下图所示。

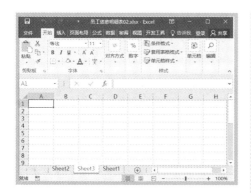

2．删除工作表

删除工作表的操作非常简单，选中要删除的工作表标签，然后右击，在弹出的快捷菜单中选择"删除"命令即可，如下图所示。

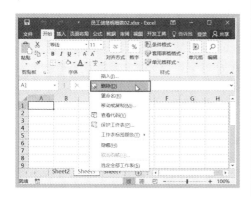

6.2.2　隐藏和显示工作表

为了防止别人查看工作表中的数据，用户可以将工作表隐藏起来，当需要时再将其显示出来。

1．隐藏工作表

隐藏工作表的具体操作方法如下。

Step01　打开光盘文件 \ 素材文件 \ 第 6 课 \ "员工信息明细表 03.xlsx"，选中要隐藏的工作表标签"Sheet1"，然后右击，在弹出的快捷菜单中选择"隐藏"命令，如下图所示。

Step02　此时工作表"Sheet1"就被隐藏了起来，如下图所示。

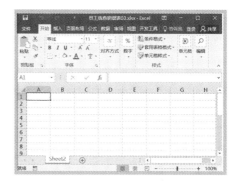

2．显示工作表

当用户想查看某个隐藏的工作表时，首先需要将它显示出来，具体的操作方法如下。

Step01　在显示的工作表标签上右击，在弹出的快捷菜单中选择"取消隐藏"命令，如下图所示。

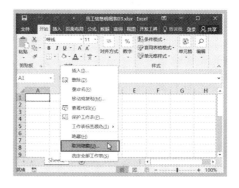

Step02 弹出"取消隐藏"对话框，在"取消隐藏工作表"列表框中选择要显示的工作表"Sheet1"选项，如下图所示。

Step03 选择完毕，单击 确定 按钮，即可将隐藏的工作表"Sheet1"显示出来，如下图所示。

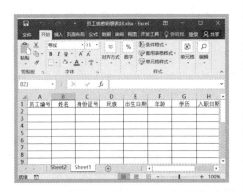

6.2.3 移动或复制工作表

移动或复制工作表是日常办公中常用的操作。用户既可以在同一工作簿中移动或复制工作表，也可以在不同工作簿中移动或复制工作表。

1．同一工作簿

在同一工作簿中移动或复制工作表的具体操作方法如下。

Step01 打开光盘文件＼素材文件＼第6课＼

"员工信息明细表 04.xlsx"，在工作表标签"Sheet1"上右击，在弹出的快捷菜单中选择"移动或复制"命令，如下图所示。

Step02 ❶ 弹出"移动或复制工作表"对话框，在"将选定工作表移至工作簿"下拉列表中默认选择当前工作簿"员工信息明细表 04.xlsx"选项，在"下列选定工作表之前"列表框中选择"Sheet2"选项，❷ 然后选中"建立副本"复选框，如下图所示。

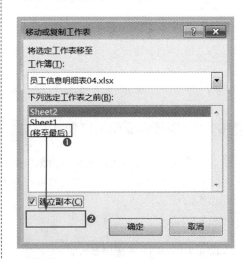

Step03 单击 确定 按钮，此时工作表"Sheet1"的副本"Sheet1（2）"就被复制到工作表"Sheet2"之前，如下图所示。

2．不同工作簿

在不同工作簿中移动或复制工作表的具体操作方法如下。

Step01　在工作表标签"Sheet1（2）"上右击，在弹出的快捷菜单中选择"移动或复制"命令，如下图所示。

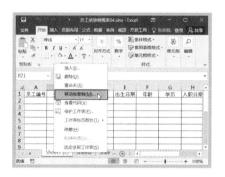

Step02　弹出"移动或复制工作表"对话框，在"将选定工作表移至工作簿"下拉表中选择"（新工作簿）"选项，如下图所示。

Step03　单击　确定　按钮，此时，工作簿"员工信息明细表 04"中的工作表"Sheet1（2）"就被移动到一个新的工作簿"工作簿 1"中，如下图所示。

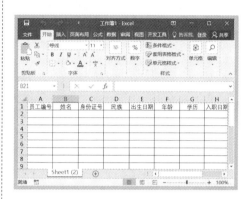

● 6.2.4　重命名工作表

默认情况下，工作簿中的工作表名称为 Sheet1、Sheet2 等。在日常办公中，用户可以根据实际需求为工作表重新命名。具体操作方法如下。

Step01　打开光盘文件 \ 素材文件 \ 第 6 课 \ "员工信息明细表 05.xlsx"，在工作表标签"Sheet1"上右击，在弹出的快捷菜单中选择"重命名"命令，如下图所示。

Step02 此时工作表标签"Sheet1"呈灰色底纹显示，工作表名称处于可编辑状态，如下图所示。

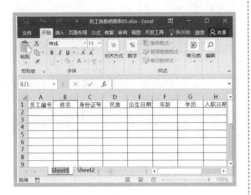

Step03 输入合适的工作表名称，例如输入"员工信息"，然后按【Enter】键，效果如图所示。

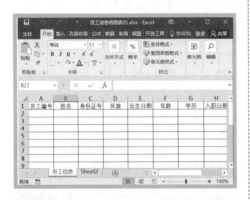

Step04 另外，用户还可以在工作表标签上双击，快速地为工作表重命名。

6.2.5 设置工作表标签颜色

当一个工作簿中有多个工作表时，为了提高观看效果，同时也为了方便对工作表的快速浏览，用户可以将工作表标签设置成不同的颜色。具体操作方法如下。

Step01 打开光盘文件\素材文件\第6课\"员工信息明细表06.xlsx"，在工作表标签"员工

信息"上右击，在弹出的快捷菜单中选择"工作表标签颜色"→"绿色，个性色6"选项，如下图所示。

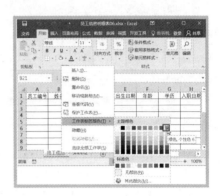

Step02 切换到其他工作表，即可看到工作表标签"员工信息"的设置效果如下图所示。

Step03 用户还可以进行自定义操作。在工作表标签"Sheet2"上右击，在弹出的快捷菜单中选择"工作表标签颜色"→"其他颜色"选项，如下图所示。

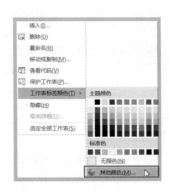

Step04 ❶ 弹出"颜色"对话框，自动切换到"标准"选项卡，从颜色面板中选择自己喜欢的颜色，设置完毕，❷ 单击 确定 按钮即可，如下图所示。

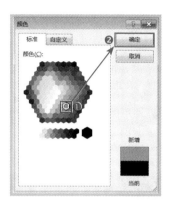

Step05 为工作表设置标签颜色的最终效果如图所示。

6.2.6　保护工作表

为了防止他人随意更改工作表，用户也可以对工作表设置保护。

1 . 保护工作表

保护工作表的具体操作方法如下。

Step01 ❶ 打开光盘文件 \ 素材文件 \ 第 6 课 \ "员工信息明细表 07.xlsx"，在工作表"员工信息"中，切换到"审阅"选项卡，❷ 单击"更改"功能组中的 保护工作表 按钮，如下图所示。

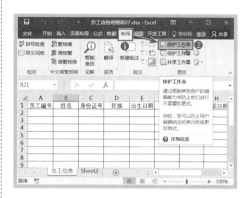

Step02 ❶ 弹出"保护工作表"对话框，在"取消工作表保护时使用的密码"文本框中输入"111"，保持其他设置不变，❷ 然后单击 确定 按钮，如下图所示。

Step03 ❶ 弹出"确认密码"对话框，在"重新输入密码"文本框中输入"111"。❷ 设置完毕，单击 确定 按钮即可，如下图所示。

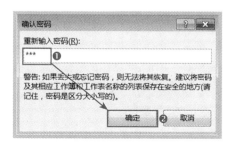

Step04 此时，如果要修改某个单元格中的内容，则会弹出"Microsoft Excel"提示对话框，直接单击 确定 按钮即可，如下图所示。

2．撤销工作表的保护

撤销工作表的保护的具体操作方法如下。

Step01 ❶ 在工作表"员工信息"中，切换到"审阅"选项卡，❷ 单击"更改"功能组中的 撤销工作表保护 按钮，如下图所示。

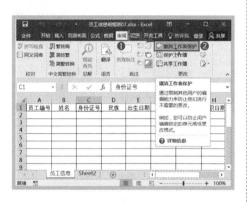

Step02 ❶ 弹出"撤销工作表保护"对话框，在"密码"文本框中输入"111"，❷ 单击 确定 按钮，如下图所示。

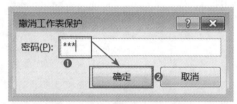

Step03 即可撤销对工作表的保护，此时"更改"功能组中的 撤销工作表保护 按钮则会变成 保护工作表 按钮，如下图所示。

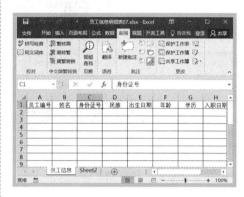

6.3　单元格的基本操作

在工作表中输入数据是编辑单元格的基本操作，主要包括输入文本型数据、输入常规数字、输入日期型数据等。

◉ 6.3.1　输入数据

创建工作表后的第一步就是向工作表中录入数据。工作表中常用的数据类型包括文本型数据、数字型数据、日期型数据等。

1．输入文本型数据

文本型数据是指字符或者数值和字符

的组合。输入文本型数据的具体操作方法如下。

Step01 打开光盘文件\素材文件\第6课\"员工信息明细表08.xlsx"，选中单元格A1，然后输入"员工信息明细表"，输入完毕按【Enter】键即可，如下图所示。

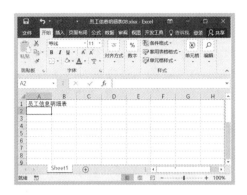

Step02　使用同样的方法输入其他的文本型数据即可，如下图所示。

2．输入常规数字

　　Excel 2016 默认状态下的单元格格式为常规，此时输入的数字没有特定格式。在"年龄"和"工龄"栏中输入相应的数字，效果如下图所示。

3．输入特殊数据

　　在 Excel 表格中有时需要输入某些特殊数据，例如输入以 0 开头的数据、身份证号等。默认情况下，系统会将数字前面的 0 自动省略。在 Excel 表格中输入身份证号的时候不会正确的显示身份证号码，由于身份证号属于是数字串，若直接输入，计算机就会认为它是一个数值型数据。当数据的位数超过 11 位后，Excel 就会将其记为科学记数法。

　　接下来介绍怎样输入特殊数据，具体操作方法如下。

Step01　在单元格 A3 中输入"0001"，如下图所示。

Step02　按【Enter】键，即可看到输入的数据效果如下图所示。

Step03 选中单元格 A3，单击"数字"功能组中的"对话框启动器"按钮 ，如下图所示。

Step04 ❶ 弹出"设置单元格格式"对话框，自动切换到"数字"选项卡，在"分类"列表框中选择"自定义"选项，❷ 在右侧的"类型"文本框中输入"0000"，❸ 单击 确定 按钮，如下图所示。

Step05 设置效果如下图所示。

Step06 ❶ 选中单元格 C3，打开"设置单元格格式"对话框，自动切换到"数字"选项卡，在"分类"列表框中选择"文本"选项，❷ 单击 确定 按钮即可，如下图所示。

Step07 在单元格 C3 中输入身份证号，效果如下图所示。

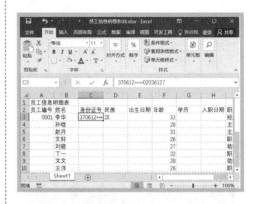

4．输入日期型数据

日期型数据是工作表中经常使用的一种数据类型。在单元格中输入日期型数据的具体操作方法如下。

Step01 选中单元格 H3，输入"2008-3-7"，中间用"-"隔开，如下图所示。

Step02　按【Enter】键，日期变成"2008/3/7"，如下图所示。

速编辑，具体操作方法如下。

Step01　打开光盘文件 \ 素材文件 \ 第 6 课 \ "员工信息明细表 09.xlsx"，选中单元格 D3，将鼠标指针移至单元格右下角，此时出现一个填充柄✚，如下图所示。

● 6.3.2　填充数据

数据输入完毕，接下来即可编辑数据。编辑数据的操作主要包括填充、查找和替换及删除等。

Step02　按住鼠标左键不放，将填充柄✚向下拖到合适的位置，然后释放鼠标左键，此时，选中的区域均填充了与单元格 D3 相同的数据，如下图所示。

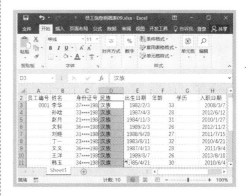

1．在连续单元格中填充数据

在 Excel 表格中填写数据时，经常会遇到一些在内容上相同，或者在结构上有规律的数据，例如 1、2、3……星期一、星期二、星期三……对这些数据用户可以采用填充功能，进行快速编辑。

（1）相同数据的填充

如果用户要在连续的单元格中输入相同的数据，则可以直接使用"填充柄"进行快

（2）不同数据的填充

如果用户要在连续的单元格中输入有规律的一列或一行数据，可以使用"填充"对话框进行快速编辑，具体操作方法如下。

Step01　❶ 选中单元格 A3，单击"编辑"功能组中的 填充▾ 按钮，❷ 在弹出的下拉列表中选择"序列"选项，如下图所示。

不连续的单元格中输入相同的文本，此时使用【Ctrl+Enter】组合键可以快速完成这项工作。

Step01 按【Ctrl】键的同时选中多个不连续的单元格，然后在编辑框中输入"本科"，如下图所示。

Step02 ❶ 弹出"序列"对话框，在"序列产生在"组合框中选中"列"单选按钮，❷ 在"类型"组合框中选中"等差序列"单选按钮，❸ 在"步长值"文本框中输入"1"，在"终止值"文本框中输入"10"，如下图所示。

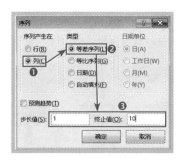

Step02 按【Ctrl+Enter】组合键，效果如下图所示。

Step03 单击 确定 按钮，填充效果如下图所示。

2．在不连续单元格中填充数据

在编辑工作表的过程中，经常会在多个

3．查找和替换数据

使用 Excel 2016 的查找功能可以找到特定的数据，使用替换功能可以用新数据替换原数据。

（1）查找数据

查找数据的具体操作方法如下。

Step01 ❶ 单击"编辑"功能组中的"查找和选择"按钮，❷ 在弹出的下拉列表中选择"查找"选项，如下图所示。

Step02　弹出"查找和替换"对话框，自动切换到"查找"选项卡，在"查找内容"文本框中输入"文文"，如下图所示。

Step03　单击 查找全部(I) 按钮，此时即可显示出具体的查找结果。查找完毕，单击 关闭 按钮即可，如下图所示。

（2）替换数据

替换数据的具体操作方法如下。

Step01　❶ 单击"编辑"功能组中的"查找和选择"按钮，❷ 在弹出的下拉列表中选择"替换"选项，如下图所示。

Step02　弹出"查找和替换"对话框，自动切换到"替换"选项卡，在"查找内容"文本框中输入"本科"，在"替换为"文本框中输入"硕士"，如下图所示。

Step03　单击 全部替换(A) 按钮，弹出"Microsoft Excel"提示对话框，并显示替换结果，如下图所示。

Step04　单击 确定 按钮，返回"查找和替换"对话框，替换完毕，单击 关闭 按钮即可，如下图所示。

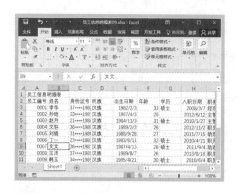

6.3.3 设置单元格格式

单元格格式的设置主要包括设置字体格式、设置对齐方式、边框和底纹等。

1．设置字体格式

在编辑工作表的过程中，用户可以通过设置字体格式的方式突出显示某些单元格。设置字体格式的具体操作方法如下。

Step01 打开光盘文件＼素材文件＼第 6 课＼"员工信息明细表 10.xlsx"，选中单元格 A1，打开"设置单元格格式"对话框。

Step02 切换到"字体"选项卡，在"字体"列表框中选择"微软雅黑"选项，在"字号"列表框中选择"18"选项，如下图所示。

Step03 单击 确定 按钮返回工作表中即可，如下图所示。

Step04 使用同样的方法设置其他单元格区域的字体格式即可，如下图所示。

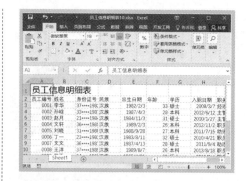

2．设置对齐方式

在 Excel 2016 中，用户可以对单元格进行对齐方式设置。

Step01 选中单元格区域 A1:J1，切换到"开始"选项卡，单击"对齐方式"功能组中的"合并后居中"按钮，如下图所示。

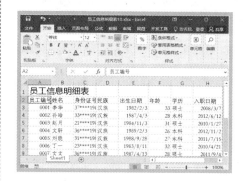

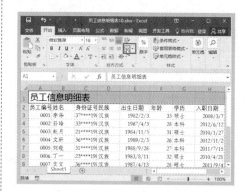

Step02　设置效果如下图所示。

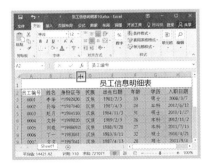

Step03　选中单元格区域 A2:J12，单击"对齐方式"功能组中的"居中"按钮，设置效果如下图所示。

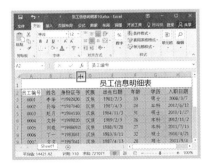

3．调整行高和列宽

为了使工作表看起来更加美观，用户可以调整行高和列宽。调整列宽的具体操作方法如下。

Step01　将鼠标指针放在要调整列宽的列标记右侧的分隔线上，此时鼠标指针变成 ↔ 形状，如下图所示。

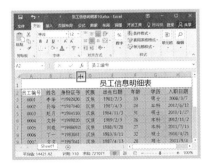

Step02　按住鼠标左键，此时可以拖动调整列宽，并在上方显示宽度值，如下图所示。

Step03　拖动到合适的列宽，释放鼠标即可调整列宽，效果如下图所示。

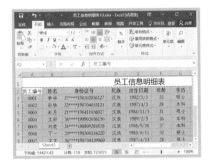

4．添加边框和底纹

为了使工作表看起来更加直观，可以为表格添加边框和底纹。

Step01　选中单元格区域 A2:J12，切换到"开始"选项卡，单击"字体"功能组右下角的"对话框启动器"按钮，如下图所示。

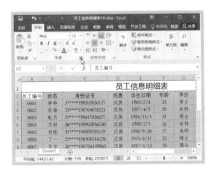

Step02 ❶ 弹出"设置单元格格式"对话框，切换到"边框"选项卡，❷ 在"样式"组合框中选择合适的选项，在"颜色"下拉列表中选择"绿色，个性色6"选项，❸ 在右侧的"预置"组合框中单击"外边框"按钮；在"样式"组合框中选择合适的选项，在"预置"组合框中单击"内部"按钮，如下图所示。

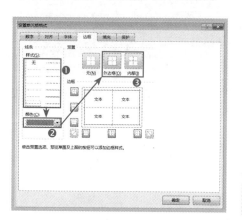

Step03 单击 确定 按钮返回工作表中，边框设置效果如下图所示。

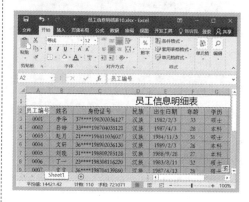

6.4 应用样式和主题

Excel 2016 为用户提供了多种表格样式和主题风格，用户可以从颜色、字体和效果等方面进行选择。

● 6.4.1 应用单元格样式

在美化工作表的过程中，用户可以使用单元格样式快速设置单元格格式。

1．套用内置样式

套用单元格样式的具体操作方法如下。

Step01 ❶ 打开光盘文件＼素材文件＼第6课＼"员工信息明细表 11.xlsx"，选中单元格A1，切换到"开始"选项卡，单击"样式"功能组中的 单元格样式 按钮，❷ 在弹出的下拉列表中选择一种样式，例如选择"标题 1"选项，如下图所示。

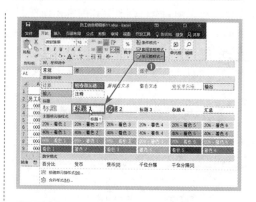

Step02 应用样式后的效果如下图所示。

2．自定义单元格样式

自定义单元格样式的具体操作方法如下。

Step01 单击"样式"功能组中的 单元格样式▼ 按钮，在弹出的下拉列表中选择"新建单元格样式"选项，如下图所示。

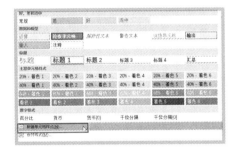

Step02 弹出"样式"对话框，在"样式名"文本框中自动显示"样式 1"，单击 格式(O)... 按钮，如下图所示。

Step03 弹出"设置单元格格式"对话框，切换到"字体"选项卡，在"字体"列表框中选择"微软雅黑"选项，在"字形"列表框中选择"加粗"选项，在"字号"列表框中选择"20"选项，在"颜色"下拉列表中选择"浅蓝"选项，如下图所示。

Step04 单击 确定 按钮，返回"样式"对话框，设置完毕，再次单击 确定 按钮，此时，新创建的样式"样式 1"就保存在了内置样式中，如下图所示。

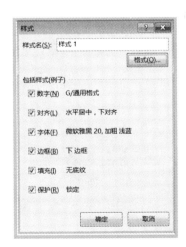

Step05 选中单元格 A1，再次单击"样式"功能组中的 单元格样式▼ 按钮，在弹出的下拉列表中选择"样式 1"选项，如下图所示。

Step06 应用样式后的效果如下图所示。

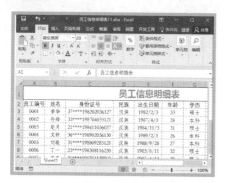

6.4.2 套用表格样式

通过套用表格样式可以快速设置一组单元格的格式，并将其转化为表。具体操作方法如下。

Step01 ❶ 打开光盘文件 \ 素材文件 \ 第6课 \ "员工信息明细表 12.xlsx"，选中单元格区域 A2:J12，单击"样式"功能组中的 套用表格格式 ▾ 按钮，❷ 在弹出的下拉列表中选择"表样式浅色 14"选项，如下图所示。

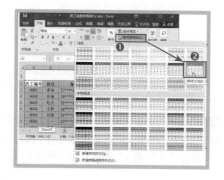

Step02 ❶ 弹出"套用表格式"对话框，在"表数据的来源"文本框中显示选中的单元格区域 "=$A$2:$J$12"，选中"表包含标题"复选框，❷ 单击 确定 按钮，如下图所示。

Step03 应用样式后的效果如下图所示。

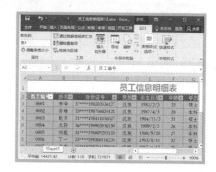

6.4.3 设置表格主题

Excel 2016 为用户提供了多种风格的表格主题，用户可以直接套用主题快速改变表格风格，也可以对主题颜色、字体和效果进行自定义。设置表格主题的具体操作方法如下。

Step01 ❶ 打开光盘文件 \ 素材文件 \ 第6课 \ "员工信息明细表 13.xlsx"，切换到"页面布局"选项卡，❷ 单击"主题"功能组中的"主题"按钮，如下图所示。

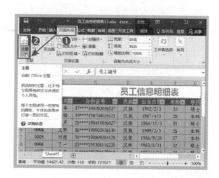

Step02　在弹出的下拉列表中选择"肥皂"选项，如下图所示。

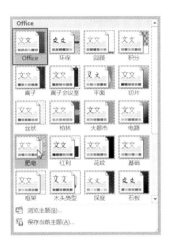

Step03　应用主题后的效果如下图所示。

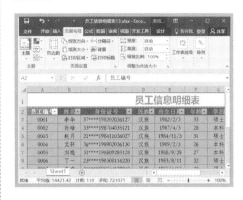

学习问答　(9:15 ~ 9:30)

疑问 1：如何快速切换工作表？

答：Excel 工作簿中会包含很多工作表，用户可以单击工作表标签来切换工作表，但如果工作表太多的话，如何快速切换任意工作表呢？

快速切换工作表的具体操作方法如下。

Step01　打开光盘文件\素材文件\第 6 课\"快速切换工作表 .xlsx"，在工作表标签左边的按钮上右击，如下图所示。

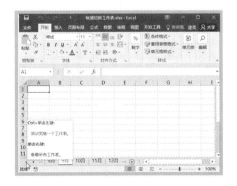

Step02　❶ 弹出"激活"对话框，在"活动文档"列表框中选择要切换到的工作表选项，❷ 单击 确定 按钮，如下图所示。

Step03 即可快速切换到选择的工作表中，如下图所示。

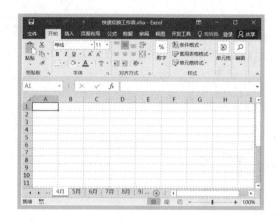

疑问 2：单元格里如何换行？

答：使用 Excel 软件时，经常会遇到很长的文字或者其他数据在一个单元格中显示不开，这时候就要用到自动换行功能。

在单元格中自动换行的具体操作方法如下。

Step01 打开一个空白工作簿，选中任意一个单元格，例如选择单元格 A1，切换到"开始"选项卡，单击"对齐方式"功能组右下角的"对话框启动器"按钮，如下图所示。

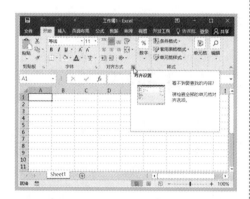

Step02 ❶ 弹出"设置单元格格式"对话框，自动切换到"对齐"选项卡，在"文本控制"组合框中选中"自动换行"复选框，❷ 单击 确定 按钮，如下图所示。

Step03 返回工作表中，在单元格 A1 中输入文本信息，自动换行效果如下图所示。

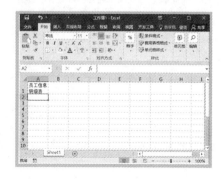

疑问 3：如何制作简单斜线表头？

答 :Excel 表格的表头有时需要分项目，根据项目的复杂程度添加斜线数量。接下来介绍简单斜线表头的制作。

制作简单斜线表头的具体操作方法如下。

Step01 ❶ 打开光盘文件 \ 素材文件 \ 第 6 课 \ "制作简单斜线表头 .xlsx"，选中 A1 单元格，打开 "设置单元格格式" 对话框，切换到 "边框" 选项卡中，❷ 单击 "右斜线" 按钮▨，❸ 单击 确定 按钮，如下图所示。

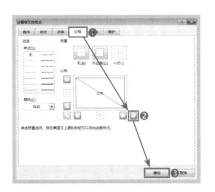

Step02 返回工作表中，在单元格 A1 中输入 "销量产品"，如下图所示。

Step03 双击单元格 A1，将光标定位在销量和产品之间，按【Alt+Enter】组合键换行，如下图所示。

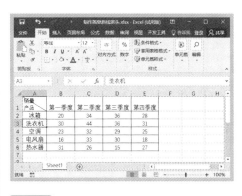

Step04 在销量之前适当添加空格，效果如下图所示。

 (9:30 ～ 10:00)

通过前面内容的学习，结合相关知识，请读者亲自动手按照要求完成以下过关练习。

练习一：美化产品信息表

接下来通过美化产品信息表介绍工作表的基本操作。具体操作方法如下。

Step01 打开光盘文件 \ 素材文件 \ 第 6 课 \ "产品信息表 .xlsx"文件，选中工作表标签，将其重命名为"产品信息"，如下图所示。

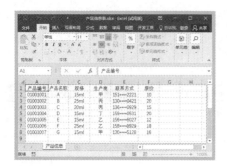

Step02 选中单元格区域 A1:F1，单击"字体"功能组右下角的"对话框启动器"按钮，如下图所示。

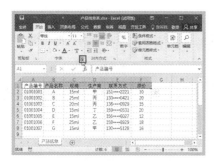

Step03 弹出"设置单元格格式"对话框，切换到"字体"选项卡，在"字体"列表框中选择"黑体"选项，在"字号"列表框中选择"12"选项，如下图所示。

Step04 ❶ 切换到"填充"选项卡，❷ 在"背景色"组合框中选择"绿色，个性色 6"选项，❸ 单击 确定 按钮，如下图所示。

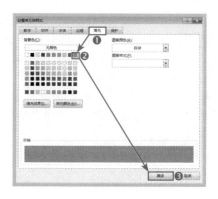

Step05 ❶ 返回 Word 文档，选中单元格区域 A1:F8，单击"字体"功能组中的"下框线"下拉按钮，❷ 在弹出的下拉列表中选择"所有框线"选项，如下图所示。

Step06 调整 B 列的列宽，产品信息表的最终效果如下图所示。

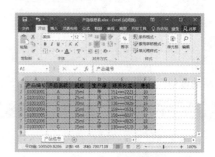

练习二：设计员工绩效考核表

企业绩效考核的重要工具就是员工绩效考核表，它将企业中的每个职位赋予战略责任，促使各个岗位的工作业绩达到预期的目标，提高企业的工作效率，保证企业的战略目标得到实现。

设计员工绩效考核表的具体操作方法如下。

Step01 打开光盘文件\素材文件\第 6 课\"员工绩效考核表 .xlsx"，选中单元格 A1，切换到"开始"选项卡，在"样式"功能组中单击 单元格样式 按钮，在弹出的下拉列表中选择一种样式，例如选择"标题"选项，如下图所示。

Step02 返回工作表中，即可看到应用单元格样式后的效果如下图所示。

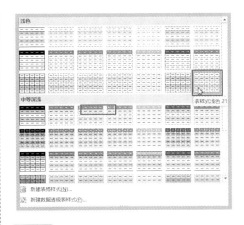

Step03 选中单元格区域 A3:F24，单击"样式"功能组中的 套用表格格式 按钮，在弹出的下拉列表中选择"表样式浅色 21"选项，如下图所示。

Step04 弹出"套用表格式"对话框，单击 确定 按钮即可，如下图所示。

Step05 返回工作表中，工作表套用表格样式后的效果如下图所示。

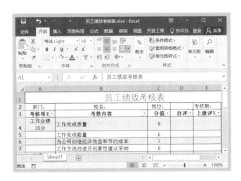

学习小结

本课主要介绍了 Excel 工作簿、工作表以及单元格的基本操作。通过对 Excel 基本功能的了解，用户可以快速制作表格并录入各种类型数据，提高工作效率。

学习笔记

第7课
Excel 2016 公式与函数的应用

公式与函数是用来实现数据处理、数据统计及数据分析的常用工具，具有很强的实用性与可操作性。接下来在 Excel 2016 中，结合常用的办公实例，详细讲解公式与函数在企业人事管理、工资核算、销售数据统计、财务预算、固定资产管理以及数据库管理中的高级应用。

学习建议与计划

时间安排：（10:30 ～ 12:00）

第二天 上午

🎙 知识精讲（10:30 ～ 11:15）
   ☆ 公式的使用
   ☆ 名称的使用
   ☆ 函数的应用

👤 学习问答（11:15 ～ 11:30）

📝 过关练习（11:30 ～ 12:00）

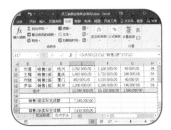

知识精讲 (10:30 ~ 11:15)

7.1 公式的使用

公式是 Excel 工作表中进行数值计算和分析的等式。简单的公式有加、减、乘、除等，复杂的公式可能包含函数、引用、运算符和常量等。

7.1.1 输入公式

输入公式的方法很简单，用户既可以在单元格中输入公式，也可以在编辑栏中输入。

在工作表中输入公式的具体操作方法如下。

Step01 打开光盘文件\素材文件\第 7 课\"销售数据分析表 01.xlsx"，选中单元格 D3，输入"=C3"，如下图所示。

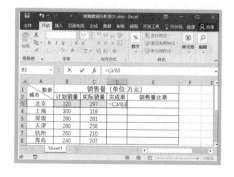

Step02 在单元格 D3 中输入"/"，然后选中单元格 B3，如下图所示。

Step03 输入完毕，直接按【Enter】键即可，如下图所示。

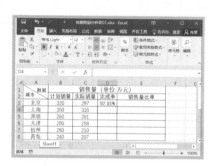

7.1.2 编辑公式

输入公式后，用户还可以对其进行编辑，主要包括修改公式、复制公式和显示公式。

1．修改公式

修改公式的具体操作方法如下。

Step01 双击要修改公式的单元格 D3，此时公式进入修改状态，如下图所示。

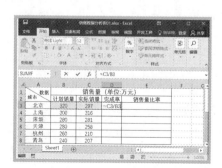

Step02 修改完毕直接按【Enter】键即可，如下图所示。

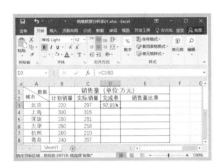

2．复制公式

用户既可以对公式进行单个复制，也可以进行快速填充。具体操作方法如下。

Step01 选中要复制公式的单元格 D3，然后按【Ctrl+C】组合键，如下图所示。

Step02 选中公式要复制到的单元格 D4，然后按【Ctrl+V】组合键即可，如下图所示。

Step03 选中单元格 D4，然后将鼠标指针

移到单元格的右下角，此时鼠标指针变成"+"形状，如下图所示。

Step04 按住鼠标左键不放，向下拖到单元格 D8，释放鼠标左键，此时公式就填充到选中的单元格区域中，如下图所示。

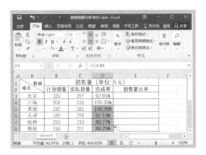

3．显示公式

显示公式的方法主要有两种，直接双击要显示公式的单元格即可显示该单元格中的公式，也可以通过单击 显示公式 按钮，显示表格中的所有公式。

Step01 ❶切换到"公式"选项卡，❷单击"公式审核"功能组中的 显示公式 按钮，如下图所示。

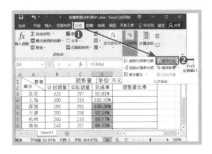

Step02 此时，工作表中的所有公式都显示出来了，如下图所示。

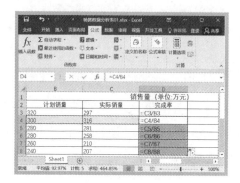

> **小提示**
>
> **取消公式显示**
>
> 如果要取消公式显示，用户只需再次单击"公式审核"功能组中的 [显示公式] 按钮即可。

7.2　名称的引用

> 在使用公式的过程中，有时候还可以引用单元格名称参与计算。通过给单元格或单元格区域及常量等定义名称，会比引用单元格位置更加直观、更加容易理解。

● 7.2.1　单元格的引用

单元格的引用是指用单元格所在的列标和行号表示其在工作表中的位置。单元格的引用包括绝对引用、相对引用和混合引用3种。

1．相对引用

单元格的相对引用是基于包含公式和引用的单元格的相对位置而言的。如果公式所在单元格的位置改变，引用也将随之改变，如果多行或多列地复制公式，引用会自动调整。默认情况下，新公式使用相对引用。

Step01 打开光盘文件＼素材文件＼第7课＼"销售统计表01.xlsx"，选中单元格K6，输入公式"＝E6+F6+G6+H6+ I6+J6"，此时相对引用了公式中的单元格E6、F6、G6、H6、I6和J6，如下图所示。

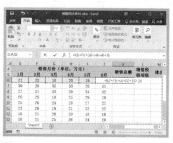

Step02 输入完毕，按【Enter】键，选中单元格K6，将鼠标指针移动到单元格的右下角，此时鼠标指针变成+形状，然后按住鼠标左键不放，向下拖动到单元格K15，释放鼠标左键，此时公式就填充到选中的单元格区域中，如下图所示。

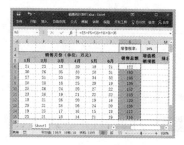

Step03 多行或多列地复制公式，随着公式所在单元格的位置改变，引用也随之改变，如下图所示。

2．绝对引用

单元格中的绝对引用则总是在指定位置引用单元格（如 $F$3）。如果公式所在格的位置改变，绝对引用的单元格也始终保持不变，如果多行或多列地复制公式，绝对引用将不做调整。

Step01 选中单元格 L6，在其中输入公式"=K6*$L$3"，此时绝对引用了公式中的单元格 L3，如下图所示。

Step02 输入完毕按【Enter】键，选中单元格 L6，将鼠标指针移动到单元格的右下角，此时鼠标指针变成"┿"形状，然后按住鼠标左键不放，向下拖动到单元格 L15，释放鼠

标左键，此时公式就填充到选中的单元格区域中，如下图所示。

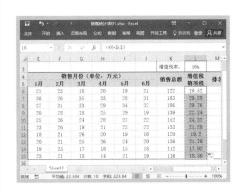

Step03 此时，公式中绝对引用了单元格 L3。如果多行或多列地复制公式，绝对引用将不做调整，如果公式所在单元格的位置改变，绝对引用的单元格 L3 始终保持不变。

3．混合引用

在复制公式时，如果要求行不变但列可变或者列不变而行可变，那么就要用到混合引用。例如 $A1 表示对 A 列的绝对引用和对第 1 行的相对引用，而 A$1 则表示对第 1 行的绝对引用和对 A 列的相对引用。

● 7.2.2　名称的使用

在使用公式的过程中，用户有时候还可以引用单元格名称参与计算。通过给单元格或单元格区域及常量等定义名称，会比引用单元格位置更加直观、更加容易理解。接下来使用名称和 RANK 函数对销售数据进行排名。

RANK 函数的功能是返回一个数值在一组数值中的排名。

语法：RANK(number,ref,order)

说明：参数 number 是需要计算其排名的一个数据；ref 是包含一组数字的数组或引用（其中的非数值型参数将被忽略）；order 为一个数字，指明排名的方式。如果 order 为 0

或省略，则按照降序排列的数据清单进行排名；如果 order 不为 0，ref 当作按照升序排列的数据清单进行排名。注意：RANK 函数对重复数值的排名相同，但重复数的存在将影响后续数值的排名。

1．定义名称

定义名称的具体操作方法如下。

Step01 ❶ 打开光盘文件＼素材文件＼第 7 课＼"销售统计表 02.xlsx"，选中单元格区域 K6:K15，切换到"公式"选项卡，❷ 在"定义的名称"功能组中单击 定义名称 下拉按钮，❸ 在弹出的下拉列表中选择"定义名称"选项，如下图所示。

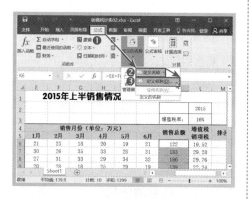

Step02 弹出"新建名称"对话框，在"名称"文本框中输入"销售总额"，如下图所示。

Step03 单击 确定 按钮返回工作表即可，如下图所示。

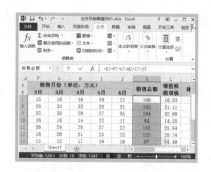

2．应用名称

应用名称的具体操作方法如下。

Step01 选中单元格 M6，在其中输入公式"=RANK(K6, 销售总额)"。该函数表示"返回单元格 K6 中的数值在数组'销售总额'中的降序排名"，如下图所示。

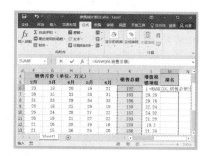

Step02 选中单元格 M6，将鼠标指针移动到单元格的右下角，此时鼠标指针变成＋形状，然后按住鼠标左键不放，向下拖动到单元格 M15，释放鼠标左键，此时公式就填充到选中的单元格区域中，对销售额进行排名后的效果如下图所示。

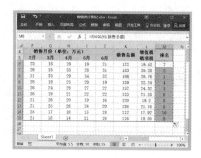

7.2.3　设置数据有效性

在日常工作中经常会用到 Excel 的数据有效性功能。数据有效性是一种用于定义可以在单元格中输入或应该在单元格中输入的数据。设置数据有效性有利于提高工作效率，避免非法数据的录入。

使用数据有效性的具体步骤如下。

Step01 ❶ 打开光盘文件＼素材文件＼第 7 课＼"销售统计表 03.xlsx"，选中单元格 C6，切换到"数据"选项卡，❷ 单击"数据工具"功能组中的"数据验证"下拉按钮，❸ 在弹出的下拉列表中选择"数据验证"选项，如下图所示。

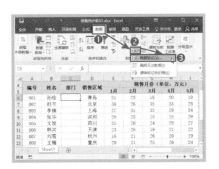

Step02 ❶ 弹出"数据验证"对话框，自动切换到"设置"选项卡，在"验证条件"组合框中的"允许"下拉列表中选择"序列"选项，❷ 在"来源"文本框中输入"销售 1 部，销售 2 部"，中间用英文半角状态的逗号隔开，如下图所示。

Step03 设置完毕，单击 确定 按钮返回工作表。此时，单元格 C6 的右侧出现了一个下拉按钮，将鼠标指针移动到单元格的右下角，此时鼠标指针变成＋形状，如下图所示。

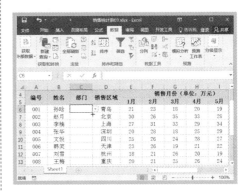

Step04 按住鼠标左键不放，向下拖动到单元格 C15，释放鼠标左键，此时数据有效性就填充到选中的单元格区域中，每个单元格的右侧都会出现一个下拉按钮。单击单元格 C6 右侧的下拉按钮，在弹出的下拉列表中选择销售部门即可，例如选择"销售 1 部"选项，如下图所示。

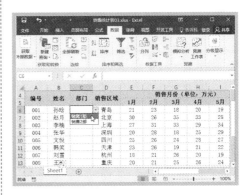

Step05 使用同样的方法可以在其他单元格中利用下拉列表快速输入销售部门，如下图所示。

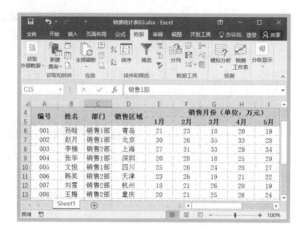

7.3 函数的应用

Excel 2016 提供了各种各样的函数，主要包括文本函数、时间与日期函数、逻辑函数、查找与引用函数、数学与三角函数及财务函数等。

🔘 7.3.1 文本函数

文本函数是指可以在公式中处理字符串的函数。常用的文本函数包括 TEXT、LEFT、RIGHT、MID、LEN、LOWER、PROPER、UPPER 等函数。

1．TEXT 函数

TEXT 函数的功能是将数值转换为按指定数字格式表示的文本。

语法：TEXT (value,format_text)

说明：参数 value 为数值、计算结果为数字值的公式，或对包含数字值的单元格的引用；参数 format_text 为"设置单元格格式"对话框"数字"选项卡"分类"框中的文本形式的数字格式。

使用 TEXT 函数转换数字格式的具体操作方法如下。

Step01 打开光盘文件 \ 素材文件 \ 第 7 课 \ "转换数字格式 .xlsx"，选中单元格 B2，输

入公式"=TEXT(A2,"00000")"，如下图所示。

Step02 按【Enter】键，即可将单元格 A2 中的数字格式转换为五位数，如下图所示。

Step03　选中单元格 B2，将鼠标指针移动到单元格 B2 的右下角，此时，鼠标指针变成 + 形状，如下图所示。

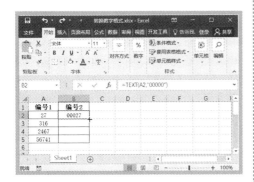

Step04　双击，此时即可将该公式快速填充到本列的其他单元格中，效果如下图所示。

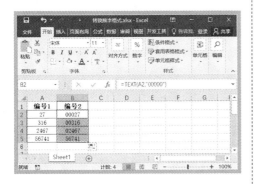

2．UPPER 函数

UPPER 函数的功能是将字符串的首字母及任何非字母字符之后的首字母转换成大写，将其余的字母转换成小写。

大小写转换的具体操作方法如下。

Step01　❶ 打开光盘文件＼素材文件＼第 7 课＼"员工信息表 01.xlsx"，选中单元格 B3，切换到"公式"选项卡，❷ 单击"函数库"功能组中的"插入函数"按钮，如下图所示。

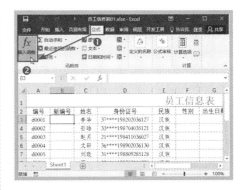

Step02　❶ 弹出"插入函数"对话框，在"或选择类别"下拉列表中选择"文本"选项，❷ 在"选择函数"列表框中选择"UPPER"选项，如下图所示。

Step03　设置完毕，单击 确定 按钮，弹出"函数参数"对话框，在"Text"文本框中将参数引用设置为单元格"A3"，如下图所示。

Step04 设置完毕，单击 确定 按钮返回工作表，此时计算结果中的字母变成了大写，如下图所示。

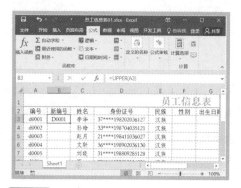

Step05 选中单元格B3，将鼠标指针移动到单元格的右下角，此时鼠标指针变成十形状，按住鼠标左键不放，向右拖动到单元格B12，释放鼠标左键，公式就填充到选中的单元格区域中，如下图所示。

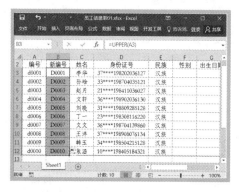

3．提取字符函数

提取字符函数包括LEFT、RIGHT、MID等函数。其中LEFT函数从左向右取，RIGHT函数从右向左取，MID函数也是从左向右提取，但不一定是从第一个字符起，可以从中间开始。

MID函数语法：MID(text,start_num, num_chars)

说明：参数text指文本，是从中提取字符的长字符串，参数num_chars是要提取的字符个数。

LEN函数的功能是返回文本串的字符数，此函数用于双字节字符，且空格也将作为字符进行统计。

LEN函数语法：LEN(text)

说明：参数text为要查找其长度的文本。如果text为"年／月／日"形式的日期，此时LEN函数首先运算"年÷月÷日"，然后返回运算结果的字符数。

Step01 选中单元格G3，输入函数"=IF(D3<>"",TEXT((LEN(D3)=15)*19&MID(D3, 7,6+(LEN(D3)=18)*2),"#-00-00")+0,)"，然后按【Enter】键。该公式表示"从单元格D3中的15位或18位身份证号中返回出生日期"，如下图所示。

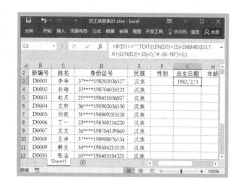

Step02 此时，员工的出生日期就根据身份证号码计算出来了，然后选中单元格G3，使用快速填充功能将公式填充至单元格G12中，如下图所示。

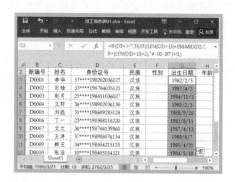

7.3.2　日期与时间函数

日期与时间函数是处理日期型或日期时间型数据的函数，常用的日期与时间函数包括 DATE、TODAY、WEEKDAY、DATEDIF、MONTH、YEAR、NOW、HOUR 等函数。

1．TODAY 函数

TODAY 函数的功能是返回当前日期的序列号。

语法：TODAY()

使用 TODAY 函数的具体操作方法如下。

打开光盘文件 \ 素材文件 \ 第 7 课 \ "员工信息表 02.xlsx"，选中单元格 H2，输入公式 "=TODAY()"，然后按【Enter】键。该公式表示返回当前日期，如下图所示。

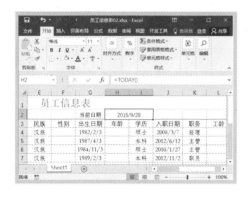

2．WEEKDAY 函数

WEEKDAY 函数的功能是返回某日期的星期数。在默认情况下，它的值为 1（星期天）到 7（星期六）之间的一个整数。

语　法：WEEKDAY(serial_number, return_type)

在员工信息表中计算星期数的具体操作方法如下。

Step01　选中单元格 J2，输入公式 "=WEEKDAY(H2)"，然后按【Enter】键。该公式表示将日期转化为星期数，如下图所示。

Step02　选中单元格 J2，切换到"开始"选项卡，单击"数字"功能组右下角的"对话框启动器"按钮 ，如下图所示。

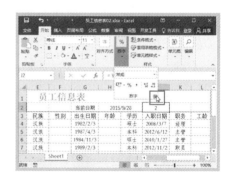

Step03　❶ 弹出"设置单元格格式"对话框，自动切换到"数字"选项卡，在"分类"列表框中选择"日期"选项，❷ 在"类型"列表框中选择"星期三"选项，如下图所示。

Step04 设置完毕，单击 确定 按钮返回工作表，此时单元格 J2 中的数字就转换成星期数，如下图所示。

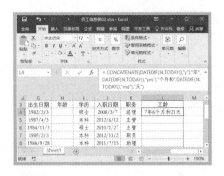

3．DATEDIF 函数

DATEDIF 函数的功能是返回两个日期之间的年 \ 月 \ 日间隔数。

语法：DATEDIF(start_date,end_date, unit)

说明：参数 start_date 代表一个时间段内的第一个日期或起始日期；end_date 代表时间段内的最后一个日期或结束日期；unit 表示所需信息的返回类型，其中 "Y" 表示时间段中的整年数，"M" 表示时间段中的整月数，"D" 表示时间段中的天数，"MD" 表示 start_date 与 end_date 日期中天数的差，忽略日期中的月和年。"YM" 表示 start_date 与 end_date 日期中月数的差，忽略日期中的日和年。"YD" 表示 start_date 与 end_date 日期中天数的差，忽略日期中的年。

在员工信息表中使用 DATEDIF 函数计算员工工龄的具体操作方法如下。

Step01 选中单元格 L4，然后输入公式 "=CONCATENATE(DATEDIF(J4,TODAY(),"y")," 年 ",DATEDIF(J4,TODAY(),"ym")," 个 月 和 ",DATEDIF(J4,TODAY(),"md")," 天 ")"，然后按【Enter】键，如下图所示。

Step02 此时，员工的工龄就计算出来了，然后将单元格 L4 中的公式向下填充到单元格 L12 中，如下图所示。

┌─────────────────────────────┐
小提示

CONCATENAT 函数

CONCATENAT 函数的功能是将几个文本字符串合并为一个文本字符串。

语法：CONCATENATE(text1,text2,...)

说明：text1 必需要连接的第一个文本项。text2,... 可选。其他文本项，最多为 255 项。项与项之间必须用逗号隔开。
└─────────────────────────────┘

▶ 7.3.3 逻辑函数

逻辑函数是一种用于进行真假值判断或复合检验的函数。逻辑函数在日常办公中应用非常广泛，常用的逻辑包括 AND、IF、OR 等函数。

1．AND 函数

AND 函数的功能是扩大用于执行逻辑检验的其他函数的效用。

语法：AND(logical1,logical2,...)

说明：参数 logical1 是必需的，表示要检验的第一个条件，其计算结果可以为 TRUE 或 FALSE；logical2 为可选参数。所有参数的逻辑值均为真时，返回 TRUE；只要一个参数的逻辑值为假，即返回 FLASE。

2．IF 函数

IF 函数是一种常用的逻辑函数，其功能是执行真假值判断，并根据逻辑判断值返回结果。该函数主要用于根据逻辑表达式来判断指定条件，如果条件成立,则返回真条件下的指定内容；如果条件不成立,则返回假条件下的指定内容。

语法：IF(logical_text,value_if_true, value_if_false)

说明：logical_text 代表带有比较运算符的逻辑判断条件；value_if_true 代表逻辑判断条件成立时返回的值；value_if_false 代表逻辑判断条件不成立时返回的值。

IF 函数可以嵌套 7 层，用 value_if_false 及 value_if_true 参数可以构造复杂的判断条件。在计算参数 value_if_true 和 value_if_false 后，IF 函数返回相应语句执行后的返回值。

3．案例介绍

假设某公司销售部业绩奖金的发放原则是小于 20 000 元的部分提成比例为 2%，大于等于 20 000 元小于 50 000 元的部分提成比例为 3%，大于等于 50 000 元的部分提成比例为 5%。奖金 = 超额 × 提成率 - 累进差额。

接下来使用逻辑函数计算员工业绩奖金的具体操作方法如下。

Step01　打开光盘文件 \ 素材文件 \ 第 7 课 \ "员工销售业绩奖金表 01.xlsx"，切换到工作表"奖金标准"中，业绩奖金的标准如下图所示。

Step02　切换到工作表"业绩奖金"中，选中单元格 G3，输入函数公式"=IF(AND(F3>0, F3<=20000),2%,IF(AND(F3>20000, F3<=50000), 3%,5%))"，然后按【Enter】键。该公式表示根据超额的多少返回提成率，如下图所示。

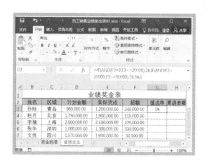

Step03　将公式快速复制到该列的其他单元格中，如下图所示。

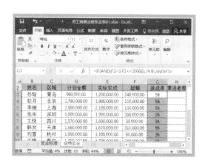

Step04　选中单元格 H3，输入函数公式"=IF(AND(F3>0,F3<=20000),0,IF(AND(F3>20000,F3<=50000),500,1500))"，按【Enter】键。该公式表示根据超额的多少返回累进差额，如下图所示。

参数用逗号隔开；当计算相邻单元格区域数值之和时，使用冒号指定单元格区域；参数如果是数值数字以外的文本，则返回错误值"#VALUE"。

Step01 ❶打开光盘文件\素材文件\第7课\"员工销售业绩奖金表02.xlsx"，切换到工作表"业绩奖金"中，选中单元格 E13，切换到"公式"选项卡，❷单击"函数库"功能组中的 Σ 自动求和 ·按钮，如下图所示。

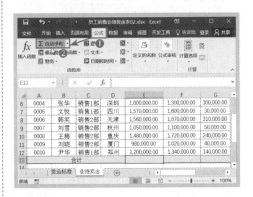

Step05 使用快速填充功能计算出其他员工的累进差额，如下图所示。

Step02 即可在单元格 E13 中快速显示出求和公式，单元格区域处于可编辑状态，如下图所示。

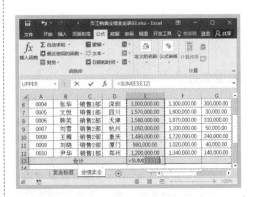

7.3.4 数学与三角函数

数学与三角函数是指通过数学和三角函数进行简单的计算，例如对数字取整、计算单元格区域中的数值总和或其他复杂计算。常用的数学与三角函数包括 SUM、INT、ROUND、SUMIF 等函数。

1. SUM 函数

SUM 函数的功能是计算单元格区域中所有数值的和。

语法：

SUM(number1,number2,number3,...)

说明：函数最多可指定 30 个参数，各

Step03 确认公式无误后，按【Enter】键，即可在单元格 E13 中显示出求和结果，如下图所示。

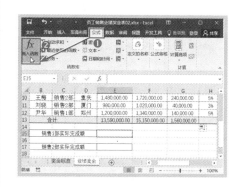

Step04　选中单元格 E13，将公式快速向右填充至单元格 G13 中，如下图所示。

2．SUMIF 函数

SUMIF 的功能是根据指定条件对指定的若干单元格求和。使用该函数可以在选中的范围内求与检索条件一致的单元格对应的合计范围的数值。

语法：SUMIF(range,criteria,sum_range)

说明：range，选定的用于条件判断的单元格区域；criteria，在指定的单元格区域内检索符合条件的单元格，其形式可以是数字、表达式或文本。直接在单元格或编辑栏中输入检索条件时，需要加双引号；sum_range，选定的需要求和的单元格区域。该参数忽略求和的单元格区域内包含的空白单元格、逻辑值或文本。

Step01　❶ 选中单元格 E15，切换到"公式"选项卡，❷ 单击"函数库"功能组中的"插

入函数"按钮 ，如下图所示。

Step02　❶ 弹出"插入函数"对话框，在"或选择类别"下拉列表中选择"数学与三角函数"选项，❷ 在"选择函数"列表框中选择"SUMIF"选项，❸ 单击 确定 按钮，如下图所示。

Step03　弹出"函数参数"对话框，在"Range"文本框中输入"C3:C12"，在"Criteria"文本框中输入"销售 1 部"，在"Sum_range"文本框中输入"F3:F12"，如下图所示。

Step04 单击 [确定] 按钮，此时在单元格 E15中会自动地显示出计算结果，如下图所示。

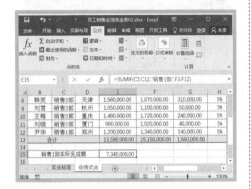

Step05 选中单元格 E17，使用同样的方法在弹出的"函数参数"对话框的"Range"文本框中输入"C3:C12"，在"Criteria"文本框中输入"销售2部"，在"Sum_range"文本框中输入"F3:F12"，如下图所示。

Step06 单击 [确定] 按钮，此时在单元格 E17中自动地显示出计算结果，如下图所示。

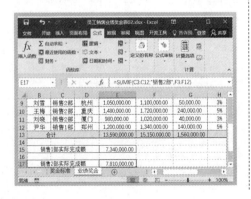

3．INT 函数

INT 函数是常用的数学与三角函数，函数功能是将数字向下舍入到最接近的整数。

语法：INT(number)

说明：number 表示需要进行向下舍入取整的实数。

4．ROUND 函数

ROUND 函数的功能是按指定的位数对数值进行四舍五入。

语法：ROUND(number,num_digits)

说明：number 是指用于进行四舍五入的数字，参数不能是一个单元格区域。如果参数是数值以外的文本，则返回错误值"#VALUE!"；num_digits 是指位数，按此位数进行四舍五入，位数不能省略。

num_digits 与 ROUND 函数返回值的关系如下表所示。

num_digits	ROUND 函数返回值
>0	四舍五入到指定的小数位
=0	四舍五入到最接近的整数位
<0	在小数点的左侧进行四舍五入

接下来使用 INT 函数和 ROUND 函数来设置数字的大写金额。具体操作方法如下。

Step01 选中单元格 K3，输入公式 "=IF(ROUND(J3,2)<0," 无效数值",IF(ROUND(J3,2)=0," 零 ",IF(ROUND(J3,2)<1,"",TEXT (INT(ROUND(J3,2)),"[dbnum2]")&" 元 ")&IF(INT(ROUND(J3,2)*10)-INT(ROUND(J3,2))*10=0,IF(INT(ROUND(J3,2))*(INT (ROUND(J3,2)*100)-INT(ROUND(J3,2)*10)*10)=0,"","," 零 "),TEXT(INT(ROUND(J3,2) *10)-INT(ROUND(J3,2))*10,"[dbnum2]"）&" 角 ")&IF((INT(ROUND(J3,2)*100)-INT (ROUND(J3,2)*10)*10)=0," 整 ",TEXT((INT(ROUND(J3,2)*100)-INT(ROUND(J3,2)*10)*10),"[dbnum2]"）&" 分 ")))"，按【Enter】键，即可看到计算结果如下图所示。

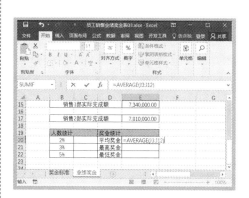

Step02　选中单元格 K3，将鼠标指针移动到单元格的右下角，此时鼠标指针变成"**十**"形状，然后按住鼠标左键不放将其填充到本列的其他单元格中，效果如下图所示。

🔘 7.3.5　统计函数

统计函数是指用于对数据区域进行统计分析的函数。常用的统计函数有 AVERAGE、MAX、MIN、COUNTIF、RANK 等。

1．AVERAGE 函数

AVERAGE 函数的功能是返回所有参数的算术平均值。

语法：AVERAGE (number1,number2,...)

说明：参数 number1、number2 等是要计算平均值的 1 ～ 30 个参数。

接下来使用 AVERAGE 函数计算员工的平均奖金，具体操作方法如下。

Step01　打开光盘文件 \ 素材文件 \ 第 7 课

\"员工销售业绩奖金表 03.xlsx"，在工作表"业绩奖金"中，选中单元格 E20，输入公式"=AVERAGE(J3:J12)"，如下图所示。

Step02　按【Enter】键，在单元格 E20 中便可以看到计算结果，如下图所示。

2．MAX 函数

MAX 函数的功能是返回所有参数中的最大值。

语法：MAX(number1,number2,...)

说明：参数可以为数字、空白单元格、逻辑值或数字的文本表达式。如果参数为错误值或不能转换成数字的文本，则将产生错误。如果参数为数组或引用，则只有数组或引用中的数字将被计算。数组或引用中的空白单元格、逻辑值或文本将被忽略。如果参数不包含数字，则函数 MAX 返回 0。

选中单元格 E21，输入公式"=MAX (J3:J12)"，按【Enter】键，即可计算出最高奖金，如下图所示。

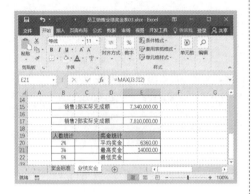

3．MIN 函数

MIN 函数的功能是返回给定参数表中的最小值。

语法：MIN(number1,number2,...)

说明：参数可以是数字、空白单元格、逻辑值或表示数值的文字串。如果参数中有错误值或无法转换成数值的文字时，则将引起错误。如果参数中不含数字，则函数 MIN 返回 0。

选中单元格 E22，输入公式"=MIN (J3:J12)"，按【Enter】键，即可计算出最低奖金，如下图所示。

4．COUNTIF 函数

COUNTIF 函数的功能是计算区域中满足

给定条件的单元格的个数。

语法：COUNTIF (range,criteria)

说明：参数 range 为需要计算其中满足条件的单元格数目的单元格区域；criteria 为确定哪些单元格将被计算在内的条件，其形式可以为数字、表达式或文本。

Step01 选中单元格 C20，输入公式"=COUNTIF(H3:H12,"2%")"，按【Enter】键，即可计算出业绩奖金提成率为"2%"的人数统计，如下图所示。

Step02 使用同样的方法计算出提成率分别为"3%"和"5%"的人数，如下图所示。

5．RANK 函数

RANK 函数的功能是返回结果集分区内指定字段值的排名，指定字段值的排名是相关行之前的排名加一。

语法：RANK(number,ref,order)

说明：参数 number 是需要计算其排位的一个数字；ref 是包含一组数字的数组或引用（其中的非数值型参数将被忽略）；order 为一数字，指明排位的方式，如果 order 为 0 或省略，则按照降序排列的数据清单进行排位，如果 order 不为 0，ref 当作按照升序排列的数据清单进行排位。

Step01 选中单元格 L3，输入函数公式"=RANK(J3,J$3:J$12)"，按【Enter】键，即可计算出排名，如下图所示。

Step02 使用快速填充的方法计算出其他员工的排名，如下图所示。

🌐 7.3.6 查找与引用函数

查找与引用函数用于在数据清单或表格中查找特定数值，或者查找某一单元格的引用时使用的函数。常用的查找与引用函数包括 LOOKUP、CHOOSE、HLOOKUP、VLOOKUP 等函数。

1．LOOKUP 函数

LOOKUP 函数的功能是从向量或数组中查找符合条件的数值。该函数有两种语法形式：向量和数组。向量形式是指从一行或一列的区域内查找符合条件的数值。向量形式的 LOOKUP 函数按照在单行区域或单列区域查找的数值，返回第二个单行区域或单列区域中相同位置的数值。

数组形式是指在数组的首行或首列中查找符合条件的数值，然后返回数组的尾行或尾列中相同位置的数值。本节重点介绍向量形式的 LOOKUP 函数的语法。

语　法：LOOKUP（lookup_value,lookup_vector, result_vector）

说明：lookup_value 是指在单行或单列区域内要查找的值，可以是数字、文本、逻辑值或者包含名称的数值或引用。

lookup_vector 是指定的单行或单列的查找区域。其数值必须按升序排列，文本不区分大小写。

result_vector 是指定的函数返回值的单元格区域。其大小必须与 lookup_vector 相同，如果 lookup_value 小于 lookup_vector 中的最小值，LOOKUP 函数则返回错误值"#N/A"。

2．CHOOSE 函数

CHOOSE 函数的功能是从参数列表中选择并返回一个值。

语法：CHOOSE(index_num,value1, value2,...)

说明：参数 index_num 是必需的，用来指定所选定的值参数。index_num 必须为 1 ～ 254 之间的数字，或为公式或对包含 1 ～ 254 之间某个数字的单元格的引用。如果 index_num 为 1，函数 CHOOSE 返回 value1；如果为 2，函数 CHOOSE 返回 value2，依此类推。如果 index_num 小于 1 或大于列表中最后一个值的序号，函数 CHOOSE 返回错误值"#VALUE!"。如果 index_num 为小数，则在使用前将被截尾取整。value1 是必需的，后续的 value2 是可选的，这些值参数的个数介于 1～254 之间。函数 CHOOSE 基于 index_num 从这些值参数中选择一个数值或一项要执行的操作。参数可以为数字、单元格引用、已定义名称、公式、函数或文本。

3．VLOOKUP 函数

VLOOKUP 函数的功能是进行列查找，并返回当前行中指定的列的数值。

语　法：VLOOKUP(lookup_value,table_array,col_index_num,range_lookup)

说明：lookup_value 是指需要在表格数组第一列中查找的数值。lookup_value 可以为数值或引用。若 lookup_value 小于 table_array 第一列中的最小值，函数 VLOOKUP 返回错误值"#N/A"。

table_array 是指指定的查找范围。使用对区域或区域名称的引用。table_array 第一列中的值是由 lookup_value 搜索到的值，这些值可以是文本、数字或逻辑值。

col_index_num 是指 table_array 中待返回的匹配值的列序号。col_index_num 为 1 时，返回 table_array 第一列中的数值；col_index_num 为 2 时，返回 table_array 第二列中的数值，依此类推。如果 col_index_num 小于 1，VLOOKUP 函数返回错误值"#VALUE!"；大于 table_array 的列数，VLOOKUP 函数返回错误值"#REF!"。

range_lookup 是指逻辑值，指定希望 VLOOKUP 查找精确的匹配值还是近似匹配值。如果参数值为 TRUE（或为 1，或省略），则只寻找精确匹配值。也就是说，如果找不到精确匹配值，则返回小于 lookup_value 的最大数值。table_array 第一列中的值必须以升序排序，否则，VLOOKUP 可能无法返回正确的值。如果参数值为 FALSE（或为 0），则返回精确匹配值或近似匹配值。在此情况下，table_array 第一列的值不需要排序。如果 table_array 第一列中有两个或多个值与 lookup_value 匹配，则使用第一个找到的值。如果找不到精确匹配值，则返回错误值"#N/A"。

4．HLOOKUP 函数

HLOOKUP 函数的功能是进行行查找，在表格或数值数组的首行查找指定的数值，并在表格或数组中指定行的同一列中返回一个数值。当比较值位于数据表的首行，并且要查找下面给定行中的数据时，使用 HLOOKUP 函数，当比较值位于要查找的数据左边的一列时，使用 VLOOKUP 函数。

语　法：HLOOKUP(lookup_value,table_array,row_index_num,range_lookup)

说明：lookup_value 是指需要在数据表第一行中进行查找的数值，lookup_value 可以为数值、引用或文本字符串。

table_array 是指需要在其中查找数据的数据表，使用对区域或区域名称的引用。table_array 的第一行的数值可以为文本、数字或逻辑值。如果 range_lookup 为 TRUE，则 table_array 的第一行的数值必须按升序排列：……-2、-1、0、1、2……A、B……Y、Z、FALSE、TRUE；否则，HLOOKUP 函数将不能给出正确的数值。如果 range_lookup 为 FALSE，则 table_array 不必进行排序。

row_index_num 是指 table_array 中待返回的匹配值的行序号。row_index_num 为 1 时，返回 table_array 第一行的数值，row_index_num 为 2 时，返回 table_array 第二行的数值，依次类推。如果 row_index_num 小于 1，HLOOKUP 函数返回错误值"#VALUE!"；如果 row_index_num 大于 table_array 的行数，HLOOKUP 函数返回错误值"#REF!"。

range_lookup 为逻辑值，指明 HLOOKUP 函数查找时是精确匹配，还是近似匹配。如果 range_lookup 为 TRUE 或省略，则返回近似匹配值。也就是说，如果找不到精确匹配值，则返回小于 lookup_value 的最大数值。如果 lookup_value 为 FALSE，HLOOKUP 函数将查找精确匹配值，如果找不到，则返回错误值"#N/A"。

接下来使用 VLOOKUP 函数查询员工销售业绩。具体操作方法如下。

Step01　打开光盘文件 \ 素材文件 \ 第 7 课 \ "员工销售业绩奖金表 04.xlsx"，切换到工作表"业绩查询"中，选中单元格 D4，输入公式"=VLOOKUP(D1,业绩奖金!$B$3:$L$12,11,0)"，按【Enter】键，如左下图所示。

Step02　选中单元格 D5，输入函数公式"=VLOOKUP(D1,业绩奖金!$B$3:$L$12, 2,0)"，按【Enter】键即可，如右下图所示。

Step03　选中单元格 D6，输入函数公式"=VLOOKUP(D1,业绩奖金!$B$3:$L$12, 9,0)"，按【Enter】键，如左下图所示。

Step04　在单元格 D1 中输入员工姓名，例如输入"刘雪"，按【Enter】键，查询结果如右下图所示。

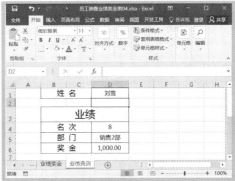

学习问答 (11:15 ~ 11:30)

疑问 1: 如何使用函数输入星期几？

答：在日常办公中，经常会在 Excel 表格中用到输入星期，使用 CHOOSE 和 WEEKDAY 函数可以快速完成该工作。

Step01 打开光盘文件＼素材文件＼第 7 课＼"使用函数输入星期几.xlsx"，选中单元格 B2，输入公式"=TEXT(A2，"aaaa")"，如右图所示。

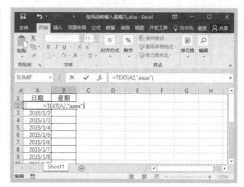

Step02 输入完毕，按【Enter】键，即可计算出星期几，如左下图所示。

Step03 选中单元格 B3，将鼠标移动到该单元格的右下角，此时鼠标指针变成＋形状，双击，即可快速将公式复制到其他单元格中，如右下图所示。

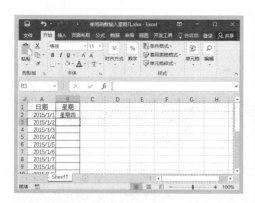

疑问 2: 如何快速确定员工的退休日期？

答：一般情况下，男子年满 60 周岁、女子年满 55 周岁就可以退休。根据职工的出生日期和性别即可确定职工的退休日期，利用 DATE 函数可以轻松地计算出员工的退休日期。

Step01　打开光盘文件＼素材文件＼第7课＼"确定职工的退休日期.xlsx"，选中单元格D2，输入公式"=DATE(YEAR (C2)+(B2="男")*5+55,MONTH(C2),DAY (C2) +1)"，如右图所示。

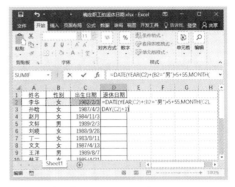

Step02　按【Enter】键，即可计算出员工"李华"的退休日期，如左下图所示。

Step03　使用快速填充计算其他员工的退休日期，如右下图所示。

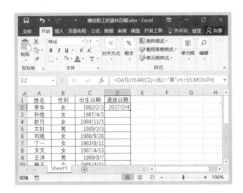
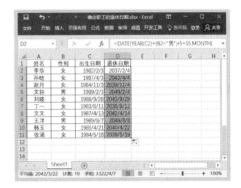

疑问 3：如何使用函数插入图形？

答：文不如图，用户可以使用 REPT 函数和★、■等特殊图形符号，替换相应的数据，从而使表格更加形象生动。

REPT 函数的功能是按照定义的次数重复实现文本，相当于复制文本。

语法：REPT(text,number_times)

说明：参数 text 表示需要重复显示的文本；number_times 表示指定文本重复显示的次数。

Step01　打开光盘文件＼素材文件＼第7课＼"使用函数插入图形.xlsx"，选中单元格C2，输入公式"=IF(B2>90,REPT (" ★ ",5),IF(B2>80,REPT(" ★ ",4),IF(B2>70,REPT(" ★ ",3), IF(B2>60,REPT(" ★ ",2),IF(B2<=60, REPT(" ★ ",1))))))"，按【Enter】键，如下图所示。

Step02 选中单元格 C2，将鼠标移动到单元格的右下角，当鼠标指针变成＋形状，双击，将该公式填充到本列的其他单元格中，如下图所示。

过关练习 (11:30 ~ 12:00)

通过前面内容的学习，结合相关知识，请读者亲自动手按照要求完成以下过关练习。

练习一：根据身份证号提取员工信息

接下来利用函数提取身份证号中的员工信息。具体操作方法如下。

Step01 打开光盘文件\素材文件\第7课\"员工信息表 03.xlsx"，选中单元格 F4，输入公式"=IF(MOD(RIGHT (LEFT(D4,17)),2),"男 "," 女 ")"，如下图所示。

Step02 按【Enter】键，即可提取员工的性别，如下图所示。

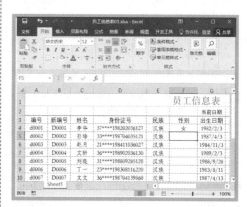

Step03 选中单元格 F4，输入公式"=INT ((NOW()-DATE(MID(D4,7,4),MID(D4,11,2),MI

D(D4,13,2)))/365)"，按【Enter】键，即可提取出员工的年龄，如下图所示。

Step04　使用快速填充功能快速计算出其他员工的性别和年龄，最终效果如下图所示。

练习二：计算个人所得税

个人所得税是国家税务机关对个人所得计征的一种税。

个人所得税 =(总工资 – 四金 – 免征额)* 税率 – 速算扣除数

四金即三险一金，三险是指养老保险、失业保险和医疗保险。

7 级超额累进税率如下表所示。

全月应纳税所得额	税率
全月应纳税额不超过 1500 元	3%
全月应纳税额超过 1500 元～ 4500 元	10%
全月应纳税额超过 4500 元～ 9000 元	20%
全月应纳税额超过 9000 元～ 35000 元	25%
全月应纳税额超过 35000 元～ 55000 元	30%
全月应纳税额超过 55000 元～ 80000 元	35%
全月应纳税额超过 80000 元	45%

计算个人所得税的具体操作方法如下。

Step01　打开光盘文件 \ 素材文件 \ 第 7 课 \ "计算个人所得税 .xlsx"，选中单元格 B2，输入公式 "=IF(A2<=3500,0, A2-3500)"，然后按【Enter】键，再将该公式填充到本列的其他单元格中，如右图所示。

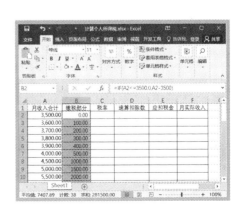

Step02 选中单元格 C2，输入公式"=IF(B2>80000,0.45,IF(B2>55000,0.35,IF(B2>35000,0.3,IF(B2>9000,0.25,IF(B2>4500,0.2,IF(B2>1500,0.1,0.03))))))"，按【Enter】键，即可计算出税率，然后将该公式填充到本列的其他单元格中，如下图所示。

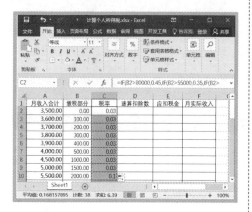

然后将该公式填充到本列的其他单元格中，如下图所示。

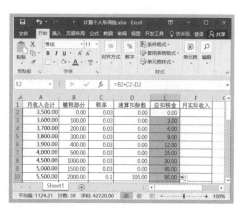

Step03 选中单元格 D2，输入公式"=IF(B2>80000,13505,IF(B2>55000,5505,IF(B2>35000,2755,IF(B2>9000,1005,IF(B2>4500,555,IF(B2>1500,105,0))))))"，按【Enter】键即可计算出速算扣除数，然后将该公式填充到本列的其他单元格中，如下图所示。

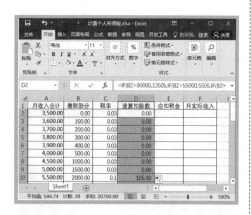

Step04 选中单元格 E2，输入公式"=B2*C2－D2"，按【Enter】键，即可计算出应扣税金，

Step05 选中单元格 F2，然后输入函数公式"=A3-E3"，按【Enter】键，即可计算出月实际收入，然后将该公式填充到本列的其他单元格中。个人所得税就计算出来了，如下图所示。

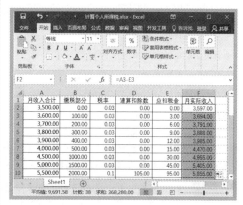

学习小结

本课主要介绍了 Excel 2016 的公式与函数功能，通过对公式与函数的认识与了解，可以轻松地实现各种数据信息的计算、提取、分析等。

学习笔记

第8课
Excel 2016 图表与数据透视表的应用

Excel 2016 具有高级的制图功能，可以直观地将工作表中的数据用图形表示出来，使其更具说服力。在日常办公中，可以使用图表表现数据间的某种相对关系，例如数量关系，趋势关系，比例分配关系等。数据透视表不仅能够直观地反映数据的对比关系，而且还具有很强的数据筛选和汇总功能。

 学习建议与计划

时间安排：（13:30 ~ 15:00）

第二天 下午

🎤 知识精讲（13:30 ~ 14:15）
- ☆ 常用图表
- ☆ 高级制图
- ☆ 数据透视分析

👤 学习问答（14:15 ~ 14:30）

📝 过关练习（14:30 ~ 15:00）

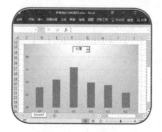
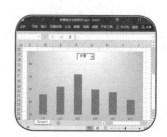

8.1 常用图表

Excel 2016 自带有各种各样的图表，例如柱形图、折线图、饼图、条形图、面积图、散点图等。不同图表适用于不同的场合。通常情况下，使用柱形图来比较数据间的数量关系；使用直线图来反映数据间的趋势关系；使用饼图来表示数据间的分配关系。

8.1.1 创建图表

在 Excel 2016 中创建图表的方法非常简单，因为系统自带了很多图表类型，只需根据实际需要进行选择即可。创建了图表后，还可以设置图表布局，主要包括调整图表大小和位置，更改图表类型、设计图表布局和设计图表样式。

1．插入图表

插入图表的具体操作方法如下。

Step01 ❶ 打开光盘文件\素材文件\第 8 课\"销售统计分析表 01.xlsx"，切换到工作表"销售分析"中，选中区域 A1:B11，切换到"插入"选项卡，❷ 单击"图表"功能组中的"插入柱形图"按钮，❸ 在弹出的下拉列表中选择"簇状柱形图"选项，如下图所示。

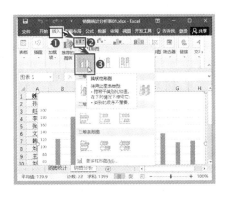

Step02 即可在工作表中插入一个簇状柱形图，如下图所示。

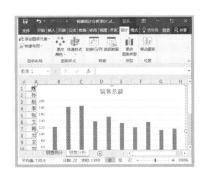

此外，Excel 新增加了"推荐的图表"功能，可针对数据推荐最合适的图表。通过快速一览查看数据在不同图表中的显示方式，然后选择能够展示用户想呈现的概念的图表。

Step03 ❶ 选中单元格区域 A1:B11，切换到"插入"选项卡，❷ 单击"图表"功能组中的"推荐的图表"按钮，如下图所示。

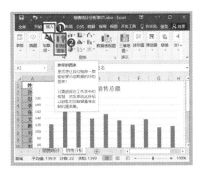

Step04 弹出"插入图表"对话框，自动切换到"推荐的图表"选项卡，在其中显示了推荐的图表类型，用户可以选择一种合适的图表类型，单击 确定 按钮即可，如下图所示。

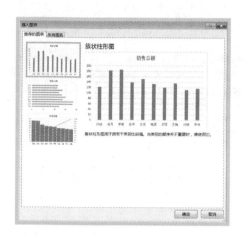

2．调整图表大小和位置

为了使图表显示在工作表中的合适位置，用户可以对其大小和位置进行调整，具体的操作方法如下。

Step01 选中要调整大小的图表，此时图表区的四周会出现 8 个控制点，将鼠标指针移动到图表的右下角，此时鼠标指针变成"↖"形状，按住鼠标左键向左上或右下拖动，拖动到合适的位置释放鼠标左键即可，如下图所示。

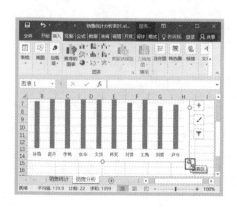

Step02 将鼠标指针移动到要调整位置的图表上，此时鼠标指针变成"↖"形状，按住鼠标左键不放进行拖动，如下图所示。

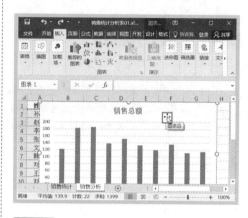

Step03 拖动到合适的位置释放鼠标左键即可，如下图所示。

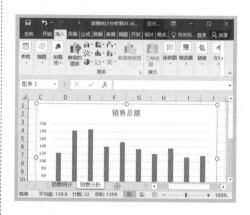

3．更改图表类型

如果用户对创建的图表不满意，还可以更改图表类型。

Step01 选中柱形图，右击，在弹出的快捷菜单中选择"更改系列图表类型"命令，如下图所示。

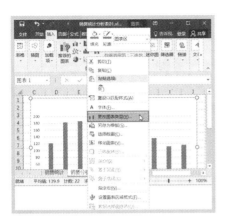

Step02 ❶ 弹出"更改图表类型"对话框，切换到"所有图表"选项卡，❷ 在左侧选择"柱形图"选项，❸ 单击"簇状柱形图"按钮，从中选择合适的选项，如下图所示。

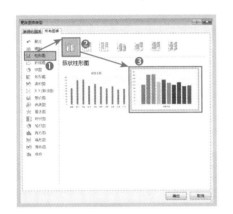

Step03 单击 确定 按钮，即可看到图表类型的更改效果如下图所示。

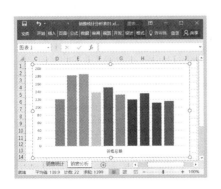

4．设计图表布局

如果用户对图表布局不满意，也可以进行重新设计。设计图表布局的具体操作方法如下。

Step01 ❶ 选中图表，切换到"图表工具－设计"选项卡，❷ 单击"图表布局"功能组中的 快速布局 按钮，❸ 在弹出的下拉列表中选择"布局 2"选项，如下图所示。

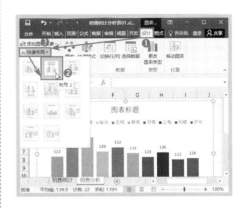

Step02 即可将所选的布局样式应用到图表中，如下图所示。

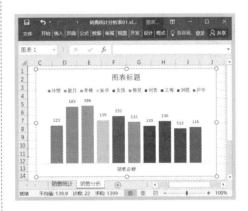

5．设计图表样式

Excel 2016 提供了很多图表样式，用户可以从中选择合适的样式，以便美化图表。设计图表样式的具体操作方法如下。

Step01 ❶ 选中创建的图表，切换到"图表工具－设计"选项卡，❷ 单击"图表样式"功能组中的"快速样式"按钮 ，如下图所示。

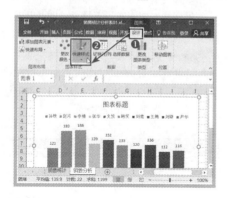

Step02 在弹出的下拉列表中选择"样式6"选项，如下图所示。

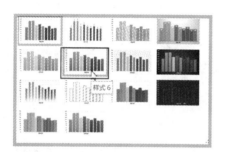

Step03 此时，即可将所选的图表样式应用到图表中，如下图所示。

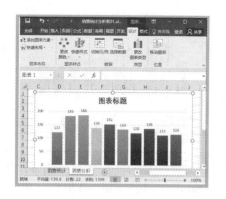

● 8.1.2 美化图表

为了使创建的图表看起来更加美观，可以

对图表标题和图例、图表区域、数据系列、绘图区、坐标轴、网格线等项目进行格式设置。

1．设置图表标题和图例

设置图表标题和图例的具体操作方法如下。

Step01 打开光盘文件\素材文件\第8课\"销售统计分析表02.xlsx"，将图表标题修改为"销售额统计"，选中图表标题，切换到"开始"选项卡，在"字体"功能组中的"字体"下拉列表中选择"微软雅黑"选项，在"字号"下拉列表中选择"18"选项，在"字体颜色"下拉列表中选择"浅蓝"选项，如下图所示。

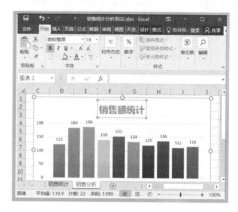

Step02 ❶ 选中图表，切换到"图表工具-设计"选项卡，❷ 单击"图表布局"功能组中的 添加图表元素 按钮，❸ 在弹出的下拉列表中选择"图例"❹ 在其子菜单中选择"无"选项，如下图所示。

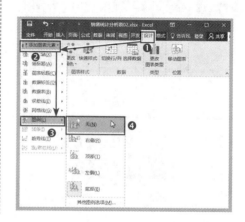

Step03　返回工作表中，此时原有的图例就被隐藏起来了，如下图所示。

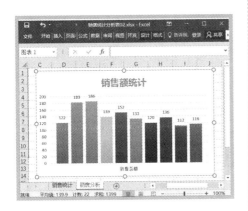

2．设置图表区域格式

设置图表区域格式的具体操作方法如下。

Step01　选中整个图表区，然后右击，在弹出的快捷菜单中选择"设置图表区域格式"命令，如下图所示。

Step02　❶ 弹出"设置图表区格式"任务窗格，单击"填充线条"按钮，❷ 在"填充"组合框中选中"渐变填充"单选按钮，❸ 在"预设渐变"下拉列表中选择"顶部聚光灯 - 个性

色 6"选项，如下图所示。

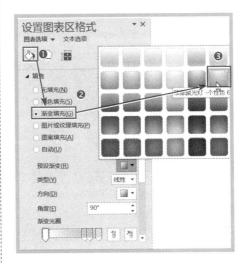

Step03　❶ 在"类型"下拉列表中选择"线性"选项，在"角度"微调框中输入"90°"，❷ 在"渐变光圈"组合框中选中"停止点 2（属于 3）"，在"颜色"下拉列表中选择"浅绿"选项，❸ 左右拖动滑块将渐变位置调整为"60%"，如下图所示。

Step04　单击"关闭"按钮×，返回工作表中，设置效果如下图所示。

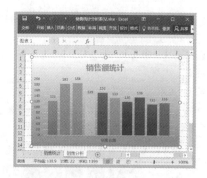

3．设置绘图区格式

设置绘图区格式的具体操作方法如下。

Step01 选中绘图区，然后右击，在弹出的快捷菜单中选择"设置绘图区格式"命令，如左下图所示。

Step02 ❶ 弹出"设置绘图区格式"任务窗格，单击"填充线条"按钮 ，❷ 在"填充"组合框中选中"纯色填充"单选按钮，❸ 然后在"颜色"下拉列表中选择"蓝色，个性色5，淡色80%"选项，如左下图所示。

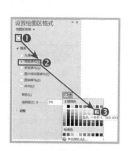

Step03 单击"关闭"按钮 ，返回工作表中，设置效果如下图所示。

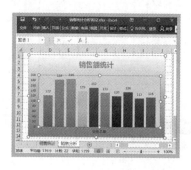

4．设置数据系列格式

设置数据系列格式的具体操作方法如下。

Step01 选中任意一个数据系列，然后右击，在弹出的快捷菜单中选择"设置数据系列格式"命令，如左下图所示。

Step02 ❶ 弹出"设置数据系列格式"任务窗格，单击"系列选项"按钮 ，❷ 在"系列选项"组合框中的"系列重叠"微调框中输入"-30%"，"分类间距"微调框中输入"80%"，如右下图所示。

Step03 单击"关闭"按钮 ，返回工作表中，设置效果如下图所示。

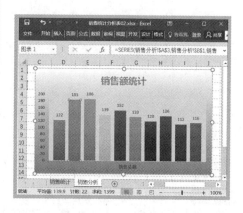

5．设置坐标轴格式

设置坐标轴格式的具体操作方法如下。

Step01　选中垂直（值）轴，然后右击，在弹出的快捷菜单中选择"设置坐标轴格式"命令，如下图所示。

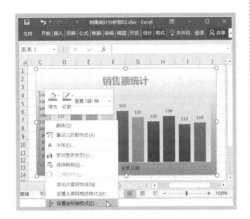

Step02　❶ 弹出"设置坐标轴格式"任务窗格，单击"坐标轴选项"按钮 📊，❷ 在"边界"组合框中的"最小值"文本框中输入"80.0"，如下图所示。

Step03　单击"关闭"按钮 ✕，返回工作表中，设置效果如下图所示。

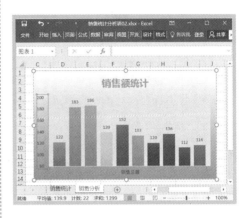

6 . 添加数据标签

Step01　❶ 切换到"图表工具 - 设计"选项卡，❷ 单击"图表布局"功能组中的 添加图表元素 按钮，❸ 在弹出的下拉列表中选择"数据标签"选项，❹ 在其子菜单中选择"其他数据标签选项"选项，如下图所示。

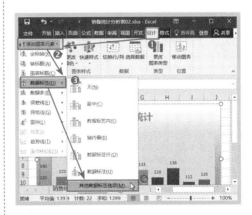

Step02　❶ 弹出"设置数据标签格式"任务窗格，单击"标签选项"按钮 📊，❷ 在"标签包括"组合框中选中"系列名称"复选框，取消选中"值"和"显示引导线"复选框，如下图所示。

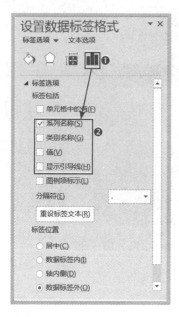

Step03 单击"关闭"按钮×，关闭该任务窗格，即可修改一个系列，按照相同的方法依次为所有系列添加数据标签，设置效果如下图所示。

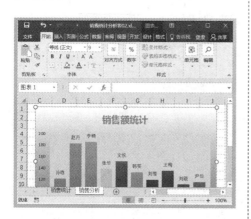

7 . 设置网格线格式

设置网格线格式的具体操作方法如下。

Step01 ❶ 切换到"图表工具－设计"选项卡，❷ 单击"图表布局"功能组中的 添加图表元素·按钮，❸ 在弹出的下拉列表中选择"网格线"选项，❹ 在其子菜单中选择"更多网格线选项"选项，

如下图所示。

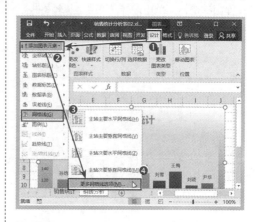

Step02 ❶ 弹出"设置主要网格线格式"任务窗格，单击"填充线条"按钮◇，❷ 在"短画线类型"下拉列表中选择"短画线"选项，如下图所示。

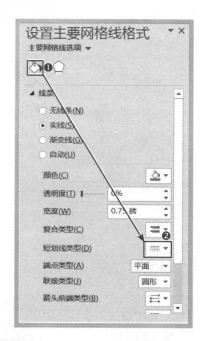

Step03 单击"关闭"按钮 ×，关闭该任务窗格，绘图区中的网格线就被隐藏起来，图表美化完毕，最终效果如下图所示。

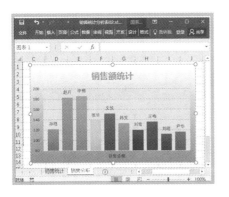

8.1.3　创建其他图表类型

在实际工作中，除了经常使用柱形图以外，还会用到折线图、饼图、条形图、面积图、雷达图等常见图表类型。

创建其他图表类型的具体操作方法如下。

Step01　打开光盘文件\素材文件\第 8 课\"销售统计分析表 03.xlsx"，切换到工作表"销售分析"中，选中单元格区域 A1:B11，插入一个折线图并进行美化，效果如下图所示。

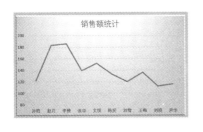

Step02　选中单元格区域 A1:B11，插入一个三维饼图并进行美化，效果如下图所示。

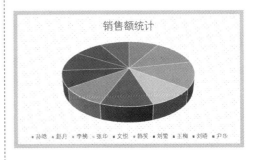

Step03　选中单元格区域 A1:B11，插入一个二维簇状条形图并进行美化，效果如下图所示。

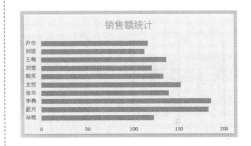

8.2　高级制图

Excel 2016 具有高级制图功能，既可以将漂亮的小图片嵌入图表中，又可以使用控件功能制作各种动态图表。

8.2.1　选项按钮制图

使用选项选钮和 OFFSET 函数可以制作简单的动态图表。OFFSET 函数的功能是提取数据，它以指定的单元为参照，偏移指定的行、列数，返回新的单元引用。

语法格式：OFFSET(reference,rows,cols,height,width)

参数说明：reference 作为偏移量参照系的引用区域。rows 相对于偏移量参照系的左上角单元格，上（下）偏移的行数。cols 相对于偏移量参照系的左上角单元格，左（右）偏移的列数。height 表示高度，即所要返回的引用区域的行数。width 表示宽度，即所要返回的引用区域的列数。

接下来使用选项按钮进行动态制图，具体操作方法如下。

Step01 打开光盘文件 \ 素材文件 \ 第 8 课 \ "销售统计分析表 04.xlsx"，选中单元格 A14，输入公式 "=A2"，然后将公式填充到单元格区域 A14:A23 中，如下图所示。

Step02 在单元格 C13 中输入 "1"，在单元格 B13 中输入函数公式 "=OFFSET(A1,0,$C$13)"，然后将公式填充到单元格区域 B14:B23 中。该公式表示 "找到同一行且从单元格 A1 偏移一列的单元格区域，返回该单元格区域的值"，如下图所示。

Step03 对单元格区域 A13:C23 进行格式设置，效果如下图所示。

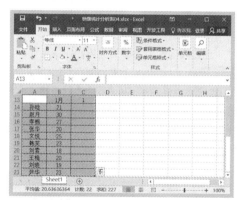

Step04 ❶ 选中单元格区域 A13:B23，切换到 "插入" 选项卡，❷ 单击 "图表" 功能组中的 "插入柱形图" 按钮 ，❸ 在弹出的下拉列表中选择 "簇状柱形图" 选项，如下图所示。

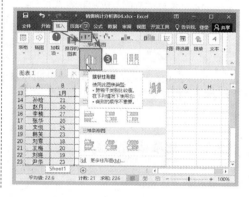

Step05　此时，工作表中插入了一个簇状柱形图，如下图所示。

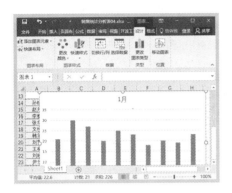

Step06　调整簇状柱形图的大小和位置，然后对其进行美化，效果如下图所示。

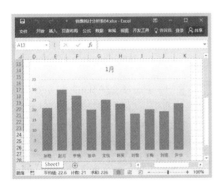

Step07　❶ 切换到"开发工具"选项卡，❷ 单击"控件"功能组中的"插入控件"按钮，❸ 在弹出的下拉列表中选择"选项按钮（窗体控件）"按钮，如下图所示。

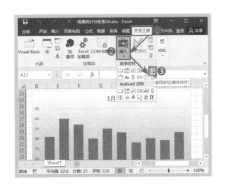

Step08　此时鼠标指针变成"十"形状，在工作表中单击即可插入一个选项按钮，如下图所示。

Step09　选中该选项按钮，然后将其重命名为"1月"，并调整选项按钮的大小和位置，如下图所示。

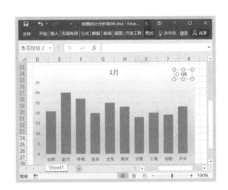

Step10　使用同样的方法再插入 5 个选项按钮，然后将其分别重命名为"2月"、"3月"、"4月"、"5月"、"6月"，如下图所示。

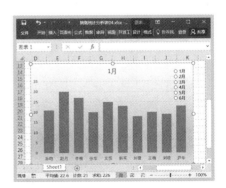

Step11 按【Ctrl】键的同时选中"1月"按钮，右击，在弹出的快捷菜单中选择"设置控件格式"命令，如下图所示。

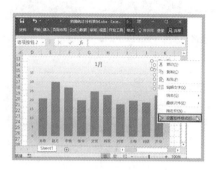

Step12 弹出"设置控件格式"对话框，自动切换到"控制"选项卡，单击"单元格链接"文本框右侧的"折叠"按钮，如下图所示。

Step13 即可将"设置控件格式"对话框折叠起来，在工作表中选中单元格C13，如下图所示。

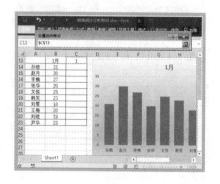

Step14 单击对话框右侧的"展开"按钮，展开"设置对象格式"对话框，在"单元格链接"文本框中显示链接单元格"$C$13"，然后单击 确定 按钮即可，同时"1月"按钮也会引用此单元格，如下图所示。

Step15 按【Ctrl】键的同时选中6个选项按钮，然后右击，在弹出的快捷菜单中选择"组合"→"组合"命令，如下图所示。

Step16 此时6个选项按钮就组合成一个对象整体，选中其中的任意一个选项按钮即可通过图表变化来动态地显示相应的数据变化，如下图所示。

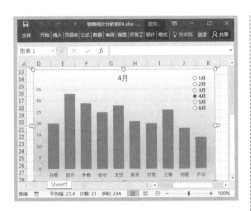

8.2.2　组合框制图

使用组合框和 VLOOKUP 函数也可以制作简单的动态图表。VLOOKUP 函数的功能是在表格数组的首列查找指定的值，并由此返回表格数组当前行中其他列的值。

语　法：VLOOKUP(lookup_value,table_array, col_index_num,range_lookup)

参数说明：lookup_value 为需要在表格数组第一列中查找的数值，可以为数值或引用。若 lookup_value 小于 table_array 第一列中的最小值，VLOOKUP 返回错误值"#N/A"。

table_array 为两列或多列数据，使用对区域或区域名称的引用。table_array 第一列中的值是由 lookup_value 搜索得到的值，这些值可以是文本、数字或逻辑值。文本不区分大小写。

col_index_num 为 table_array 中待返回的匹配值的列序号。col_index_num 为 1 时，返回 table_array 第一列中的数值；col_index_num 为 2，返回 table_array 第二列中的数值，依此类推。如果 col_index_num 小于 1，VLOOKUP 函数返回错误值"#VALUE!"；如果 col_index_num 大于 table_array 的列数，VLOOKUP 返回错误值"#REF!"。

range_lookup 为逻辑值，指定希望 VLOOKUP 查找精确的匹配值还是近似匹配值。

如果为 TRUE 或省略，则返回精确匹配值或近似匹配值。也就是说，如果找不到精确匹配值，则返回小于 lookup_value 的最大数值。table_array 第一列中的值必须以升序排序，否则 VLOOKUP 可能无法返回正确的值。

使用 VLOOKUP 函数和组合框进行动态制图的具体操作方法如下。

Step01　打开光盘文件\素材文件\第 8 课\"销售统计分析表 05.xlsx"，复制单元格区域 B1:G1，选中单元格 A14，右击，在弹出的快捷菜单中单击"转置"按钮，如下图所示。

Step02　即可将月份复制到目标位置，如下图所示。

Step03 ❶ 选中单元格 B13，切换到"数据"选项卡，❷ 单击"数据工具"功能组中的"数据验证"按钮 的下半部分按钮，❸ 在弹出的下拉列表中选择"数据验证"选项，如下图所示。

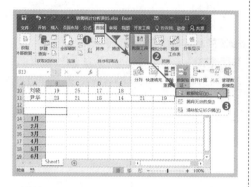

Step04 ❶ 弹出"数据验证"对话框，切换到"设置"选项卡，❷ 在"验证条件"组合框中的"允许"下拉列表中选择"序列"选项，❸ 在"来源"文本框中将引用区域设置为"=$A$2:$A$11"，如下图所示。

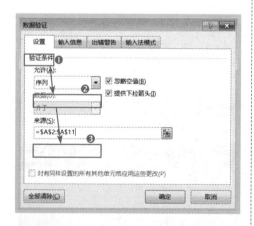

Step05 单击 确定 按钮，返回工作表，此时单击单元格 B13 右侧的下拉按钮 ，即可在弹出的下拉列表中选择相关选项，如下图所示。

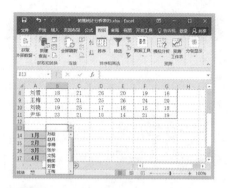

Step06 在单元格 B14 中输入函数公式"=VLOOKUP($B$13,$2:$11,ROW()-12, 0)"，然后将公式填充到单元格区域 B15:B19 中。该公式表示"以单元格 B13 为查询条件，从第 2 行到第 11 行进行横向查询，当查询到第 12 行的时候，数据返回 0 值，"如下图所示。

Step07 单击单元格 B13 右侧的下拉按钮 ，在弹出的下拉列表中选择员工选项，此时，就可以横向查找出该员工的销售额，如下图所示。

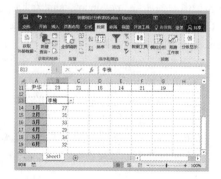

Step08 ❶ 选中单元格区域 A13:B19，切换到"插入"选项卡，❷ 单击"图表"功能组中的"插入柱形图"按钮 ，❸ 在弹出的下拉列表中选择"簇状柱形图"选项，如下图所示。

Step09 此时，工作表中插入了一个簇状柱形图，调整簇状柱形图的大小和位置，并对其进行美化，效果如下图所示。

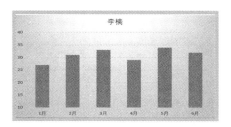

Step10 ❶ 选中工作表任意单元格，切换到"开发工具"选项卡，❷ 单击"控件"功能组中的"插入控件"按钮 ，❸ 在弹出的下拉列表中单击"组合框（ActiveX 控件）"按钮 ，如下图所示。

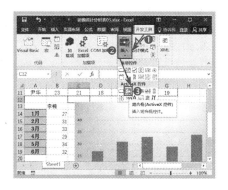

Step11 此时，鼠标指针变成"十"形状，在工作表中单击即可插入一个组合框，并进入设计模式状态，如下图所示。

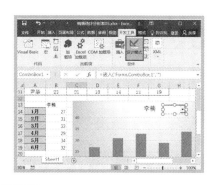

Step12 选中该组合框，单击"控件"功能组中的"控件属性"按钮 ，如下图所示。

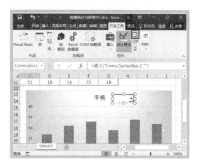

Step13 弹出"属性"对话框，在"LinkedCell"文本框中输入"Sheet1!B13"，在"ListFillRange"文本框中输入"Sheet1! A2:A11"，如下图所示。

Step14 设置完毕，单击"关闭"按钮，返回工作表，然后移动组合框将原来的图表标题覆盖。设置完毕，单击"设计模式"按钮，退出设计模式，如下图所示。

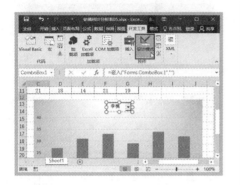

Step15 此时，单击组合框右侧的下拉按钮，在弹出的下拉列表中选择"刘雪"选项，如下图所示。

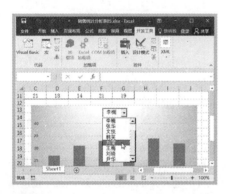

Step16 员工刘雪的各月销售额如下图所示。

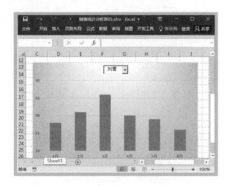

8.2.3 复选框制图

使用复选框、定义名称和IF函数也可以制作简单的动态图表。IF函数的功能是执行真假值判断，根据逻辑计算的真假值，返回不同结果。

语法格式：(logical_test,value_if_true, value_if_false)。

参数说明：logical_test表示计算结果为TRUE或FALSE的任意值或表达式。value_if_true为TRUE时返回的值。value_if_false为FALSE时返回的值。

接下来使用IF函数和复选框制作复选框图表，具体操作方法如下。

Step01 ❶ 打开光盘文件\素材文件\第8课\"销售统计分析表06.xlsx"，选中单元格区域B14:G14，切换到"公式"选项卡，❷ 单击"定义的名称"组中的 定义名称 按钮，如下图所示。

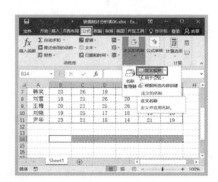

Step02 弹出"新建名称"对话框，在"名称"文本框中输入"kong"，此时在"引用位置"文本框中显示引用区域设置为"=Sheet1!$B$14:$G$14"，如下图所示。

Step03 单击 确定 按钮，在单元格区域中的 A13:J13 中的所有单元格中输入"TRUE"，如下图所示。

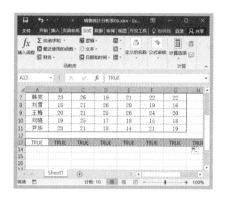

Step04 定义名称"孙晗"，将引用位置设置为"=IF(Sheet1!$A$13=TRUE,Sheet1!$B$2:$G$2,kong)"，定义完毕，单击 确定 按钮即可，如下图所示。

Step05 使用同样的方法定义其他员工的名称。定义名称完成单击"定义的名称"组中的"名称管理器"按钮，弹出"名称管理器"对话框，即可看到定义的名称及其引用位置，如下图所示。

Step06 单击 关闭 按钮即可，在工作表中选中任意一个单元格，在工作表中插入一个簇状柱形图，如下图所示。

Step07 选中图表，右击，在弹出的快捷菜单中选择"选择数据"命令，如下图所示。

Step08 弹出"选择数据源"对话框，然后单击"图例项（系列）"列表框中的 添加(A) 按钮，如下图所示。

Step09 ❶ 弹出"编辑数据系列"对话框，在"系列名称"文本框中输入"孙晗"，然后在"系列值"文本框中将引用区域设置为"=Sheet1! 孙晗"，❷ 设置完毕，单击 确定 按钮即可，如下图所示。

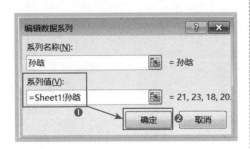

Step10 使用同样的方法添加其他数据系列，设置完毕，单击 确定 按钮即可，如下图所示。

Step11 单击"水平（分类）轴标签"列表框中的 编辑 按钮，如下图所示。

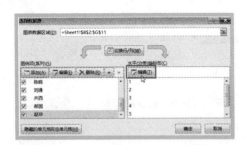

Step12 弹出"轴标签"对话框，在"轴标签区域"文本框中输入"=Sheet1!$B$1:$G$1"，如下图所示。

Step13 设置完毕，单击 确定 按钮，返回"选择数据源"对话框，如下图所示。

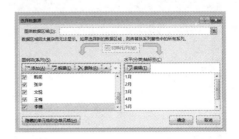

Step14 单击 确定 按钮，返回工作表中，添加系列后的图表效果如下图所示。

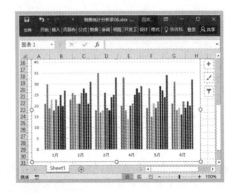

Step15 对图表进行美化，设置效果如下图所示。

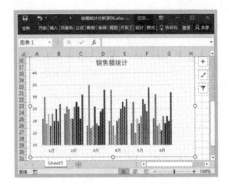

Step16 ❶ 切换到"开发工具"选项卡，❷ 单击"控件"功能组中的"插入控件"按钮，❸ 在弹出的下拉列表中选择"复选框（窗体控件）"按钮☑，如下图所示。

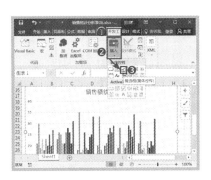

Step17 此时，鼠标指针变成"＋"形状，在工作表中单击即可插入一个复选框，如下图所示。

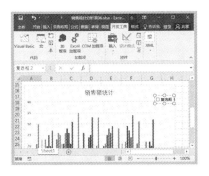

Step18 选中该复选框，然后单击复选框右侧的文本区域，将其重命名为"孙晗"，如下图所示。

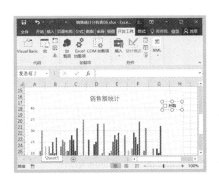

Step19 使用同样的方法插入另外 9 个复选框，并分别对其进行重命名，然后移动到合适的位置即可，如下图所示。

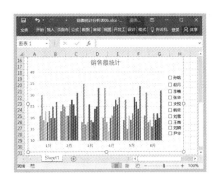

Step20 在"孙晗"复选框上右击，在弹出的快捷菜单中选择"设置控件格式"命令，如下图所示。

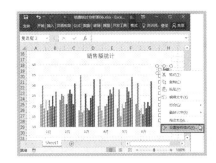

Step21 弹出"设置控件格式"对话框，切换到"控制"选项卡，在"单元格链接"文本框中将引用区域设置为"$A$13"，如下图所示。

Step22 使用同样的方法，将"赵月"复选框的单元格链接设置为"$B$13"，依此类推。设置完毕，单击 确定 按钮，返回工作表，此时选中复选框，图表就会显示相应的数据，如下图所示。

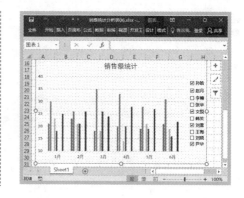

8.3 数据透视分析

Excel 2016 提供有数据透视表和数据透视图功能，它不仅能够直观地反映数据的对比关系，而且还具有很强的数据筛选和汇总功能。

8.3.1 数据透视表

数据透视表是自动生成分类汇总表的工具，可以根据原始数据表的数据内容及分类，按任意角度、任意多层次、不同的汇总方式，得到不同的汇总结果。

创建数据透视表的具体操作方法如下。

Step01 ❶ 打开光盘文件＼素材文件＼第8课＼"产品销售表 01.xlsx"，选中单元格区域A1:F32，切换到"插入"选项卡，❷ 单击"表格"功能组中的"数据透视表"按钮，如下图所示。

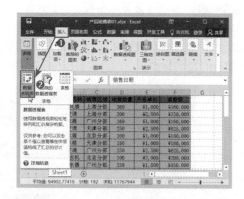

Step02 弹出"创建数据透视表"对话框，此时"表／区域"文本框中显示了所选的单元格区域，在"选择放置数据透视表的位置"组

合框中选中"新工作表"单选按钮，如下图所示。

Step03 设置完毕，单击 确定 按钮，此时系统会自动地在新的工作表中创建一个数据透视表的基本框架，并弹出"数据透视表字段"任务窗格，如下图所示。

Step04　在"数据透视表字段"任务窗格中的"选择要添加到报表的字段"列表框中选择要添加的字段，例如选中"产品名称"复选框，"产品名称"字段会自动添加到"行"列表框中，如下图所示。

Step05　选中"销售区域"复选框，右击，在弹出的快捷菜单中选择"添加到报表筛选"命令，如下图所示。

Step06　此时，即可将"销售区域"字段添加到"筛选器"列表框中，如下图所示。

Step07　依次选中"销售数量"和"销售额"复选框，即可将"销售数量"和"销售额"字段添加到"值"列表框，如下图所示。

Step08　单击"数据透视表字段"任务窗格右上角的"关闭"按钮×，关闭"数据透视表字段"任务窗格，设置效果如下图所示。

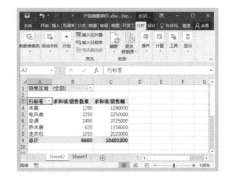

Step09 ❶ 选中数据透视表，切换到"数据透视表工具"栏中的"设计"选项卡，❷ 单击"数据透视表样式"功能组中的"其他"按钮，❸ 在弹出的下拉列表中选择"数据透视表样式中等深浅7"选项，如下图所示。

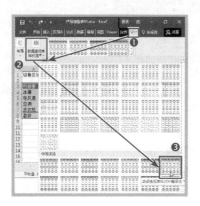

Step10 应用样式后的数据透视表设置效果如下图所示。

Step11 如果用户要对销售区域进行筛选，单击单元格B2右侧的下拉按钮，在弹出的下拉列表中选择"北京分部"选项，如下图所示。

Step12 单击 确定 按钮，即可筛选出"北京分部"的销售情况。此时单元格B2右侧的下箭头按钮变为"筛选"按钮，如下图所示。

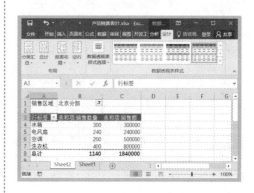

8.3.2 数据透视图

使用数据透视图可以在数据透视表中显示该汇总数据，并且可以方便地查看比较、模式和趋势。

创建数据透视图的具体操作方法如下。

Step01 ❶ 打开光盘文件\素材文件\第8课\"产品销售表02.xlsx"，切换到工作表"Sheet1"中，选中单元格区域A1:F32，切换到"插入"选项卡，❷ 单击"图表"功能组中的"数据透视图"下拉按钮，❸ 在弹出的下拉列表中选择"数据透视图"选项，如下图所示。

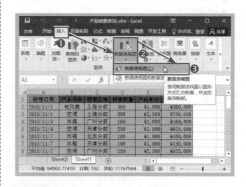

Step02 弹出"创建数据透视图"对话框，

此时"表/区域"文本框中显示了所选的单元格区域，然后在"选择放置数据透视图的位置"组合框中选中"新工作表"单选按钮，如下图所示。

Step03　设置完毕，单击 确定 按钮即可。此时，系统会自动地在新的工作表"Sheet3"中创建一个数据透视表和数据透视图的基本框架，并弹出"数据透视图字段"任务窗格，如下图所示。

Step04　在"选择要添加到报表的字段"任务窗格中选择要添加的字段，例如选中"销售区域"和"销售额"复选框，此时"销售区域"字段会自动添加到"轴（类别）"列表框中，"销售额"字段会自动添加到"值"

列表框中，如下图所示。

Step05　单击"数据透视图字段"任务窗格右上角的"关闭"按钮×，关闭"数据透视图字段"任务窗格，此时即可生成数据透视表和数据透视图，如下图所示。

Step06　对数据透视图进行美化设置，效果如下图所示。

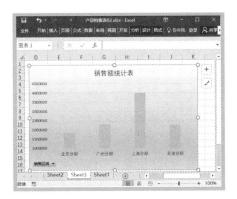

Step07 如果用户要进行手动筛选，可以单击 销售区域 ▾ 按钮，在弹出的下拉列表中选择要筛选的销售区域选项，如下图所示。

Step08 单击 确定 按钮，筛选效果如下图所示。

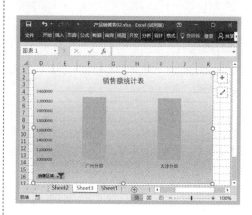

学习问答 (14:15 ~ 14:30)

疑问1：如何添加平滑线？

答：使用折线制图时，用户可以通过设置平滑拐点使其看起来更加美观。

Step01 打开光盘文件\素材文件\第8课\"添加平滑线.xlsx"，选中数据系列，右击，在弹出的快捷菜单中选择"设置数据系列格式"命令，如下图所示。

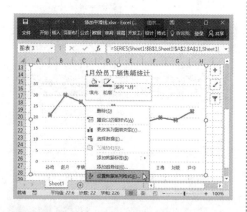

Step02 ❶弹出"设置数据系列格式"任务窗格，单击"填充线条"按钮，❷选中"平滑线"复选框，如下图所示。

Step03　单击"关闭"按钮×返回工作表，设置效果如下图所示。

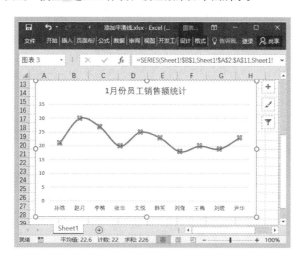

疑问 2：如何添加趋势线？

答：在图表中添加趋势线，可以更加清晰地反映相关数据的未来发展趋势，为领导层制定企业经营管理决策提供及时的参考数据。

Step01　❶ 打开光盘文件\素材文件\第8课\"添加趋势线.xlsx"，选中图表，切换到"图表工具－设计"选项卡，❷ 在"图表布局"功能组中单击 添加图表元素 按钮，❸ 在弹出的下拉列表中选择"趋势线"，❹"线性预测"选项，如下图所示。

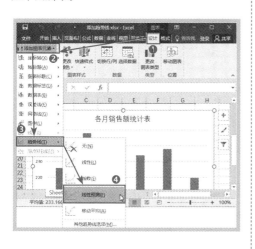

Step02　返回工作表，此时在图表中插入了一条线性预测趋势线，效果如下图所示。

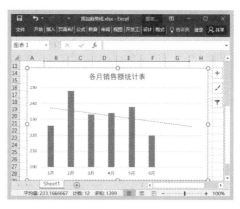

疑问3：如何将图表保存为模板？

答：日常工作中，用户制作的图表有些非常精美，可以日后重复应用，此时，用户只需将其保存为图标模板即可。

Step01 打开光盘文件\素材文件\第8课\"将图表保存为模板.xlsx"，选中图表，右击，在弹出的快捷菜单中选择"另存为模板"命令，如下图所示。

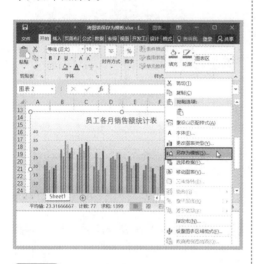

Step02 弹出"保存图表模板"对话框，从中设置图表模板的保存名称，设置完毕，单击 保存(S) 按钮即可，如下图所示。

Step03 返回工作表中，切换到"插入"选项卡，单击"图表"功能组右下角的"对话框启动器"按钮，如下图所示。

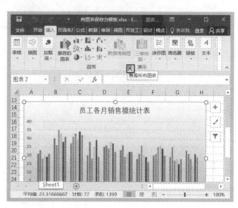

Step04 ❶弹出"插入图表"对话框，切换到"所有图表"选项卡，❷在左侧选择"模板"选项，❸即可在右侧"我的模板"组合框中看到刚刚创建的图表模板，如下图所示。

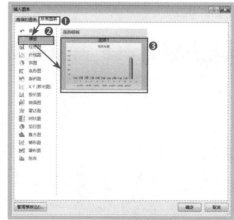

（14：30 ～ 15：00）

通过前面内容的学习，结合相关知识，请读者亲自动手按照要求完成以下过关练习。

练习一：使用图片美化图表

Excel 的图表不但可以使用形状和颜色来修饰数据标记，还可以使用图片。使用与图表内容相关的图片替换数据标记，能够制作更加生动、可爱的图表。

在图表中使用图片的具体操作方法如下。

Step01 打开光盘文件＼素材文件＼第 8 课＼"使用图片美化图表.xlsx"，选中"心形"图片，按【Ctrl+C】组合键进行复制，如下图所示。

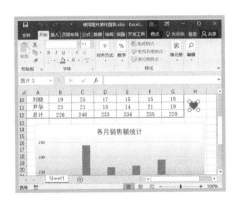

Step02 单击数据系列，按【Ctrl+V】组合键，即可将图片粘贴到数据标记上，如下图所示。

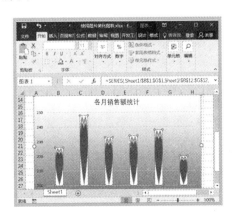

Step03 选中数据系列，右击，在弹出的快捷菜单中选择"设置数据系列格式"命令，如下图所示。

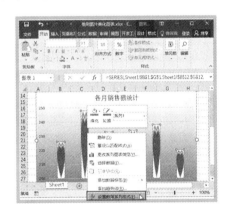

Step04 ❶ 弹出"设置数据系列格式"任务窗格，单击"填充与线条"按钮，❷ 选中"层叠"单选按钮，如下图所示。

Step05 设置完毕，单击"关闭"按钮×，返回工作表中，设置效果如下图所示。

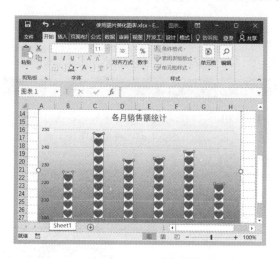

练习二：销售数据透视分析

接下来通过插入数据透视表和数据透视图对数据进行透视分析。具体操作方法如下。

Step01 ❶ 打开光盘文件 \ 素材文件 \ 第 8 课 \ "销售数据透视分析 .xlsx"，选中单元格区域 A1:G11，切换到"插入"选项卡中，❷ 单击"图表"功能组中的"数据透视图"下拉按钮，❸ 在弹出的下拉列表中选择"数据透视图和数据透视表"选项，如下图所示。

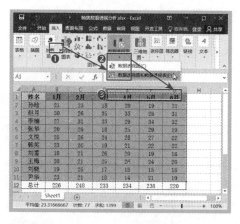

Step02 弹出"创建数据透视表"对话框，此时"表 / 区域"文本框中显示了所选的单元格区域，保持默认设置，如下图所示。

Step03 单击 确定 按钮，此时，系统会自动地在新的工作表"Sheet2"中创建一个数据透视表和数据透视图的基本框架，并弹出"数据透视图字段"任务窗格，如下图所示。

Step04 在"选择要添加到报表的字段"任务窗格中选择要添加的字段，例如选中"姓名"和"3 月"复选框，此时"姓名"字段会自动添加到"轴（类别）"列表框中，"3 月"字段会自动添加到"值"列表框中，如下图所示。

Step05 单击"关闭"按钮×，关闭"数据透视图字段"任务窗格，此时即可生成数据透视表和数据透视图，如下图所示。

Step06 对数据透视图进行设置，效果如下图所示。

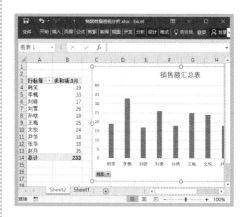

▶ 学习小结

本课主要介绍了 Excel 2016 的图表与数据透视表功能，用户通过对图表及数据透视表的认识与了解，可以轻松地对数据进行统计分析。

学习笔记

第9课

Excel 2016 数据排序、筛选与分类汇总

数据的排序、筛选与分类汇总是 Excel 2016 中经常使用的数据管理功能，使用这些功能大大简化了分析与处理复杂数据工作的烦琐性，有效提高工作的效率。

学习建议与计划

时间安排：（15:30 ～ 17:00）

<table>
<tr><td rowspan="6">第二天 下午</td><td>🎙 知识精讲（15:30 ～ 16:15）</td></tr>
<tr><td>☆ 数据的排序</td></tr>
<tr><td>☆ 数据的筛选</td></tr>
<tr><td>☆ 数据的分类汇总</td></tr>
<tr><td>👤 学习问答（16:15 ~16:30）</td></tr>
<tr><td>✍ 过关练习（16:30 ~17:00）</td></tr>
</table>

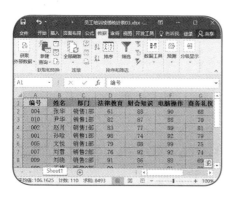

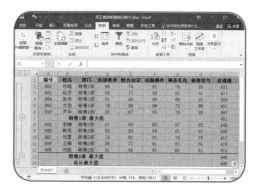

知识精讲 (15:30 ~ 16:15)

9.1 数据的排序

为了方便查看表格中的数据，用户可以按照一定的顺序对工作表中的数据进行重新排序。数据排序主要包括简单排序、复杂排序和自定义排序 3 种。对数据进行排序有助于快速直观地显示数据并更好地理解数据，有助于组织并查找所需数据，有助于最终做出更有效的决策。

9.1.1 简单排序

所谓简单排序就是设置单一条件进行排序。对工作表中的数据进行简单排序的具体操作方法如下。

Step01 ❶ 打开光盘文件 \ 素材文件 \ 第 9 课 \ "员工培训成绩统计表 01.xlsx"，选中单元格区域 A1:J11，切换到"数据"选项卡，❷ 单击"排序和筛选"功能组中的"排序"按钮 ，如下图所示。

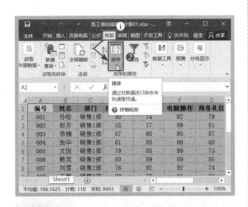

Step02 ❶ 弹出"排序"对话框，在"主要关键字"下拉列表中选择"部门"选项，在"排序依据"下拉列表中选择"数值"选项，在"次序"下拉列表中选择"降序"选项。❷ 设置完毕后单击 确定 按钮，如下图所示。

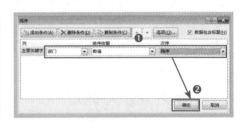

Step03 返回工作表中，此时表格数据根据"部门"的拼音首字母进行降序排列，如下图所示。

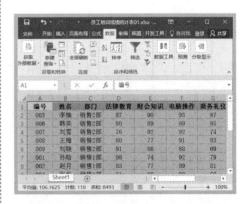

9.1.2 复杂排序

如果在排序字段里出现相同的内容，它们会保持着它们的原始次序。如果用户还要对这些内容按照一定条件进行排序，就用到了多个关键字的复杂排序了。所谓复杂排序

就是依照多个条件对数据进行排序。

对工作表中的数据进行复杂排序的具体操作方法如下。

Step01　❶ 打开光盘文件\素材文件\第 9 课\"员工培训成绩统计表 02.xlsx"，选中单元格区域 A1:J11，切换到"数据"选项卡，❷ 单击"排序和筛选"功能组中的"排序"按钮，如下图所示。

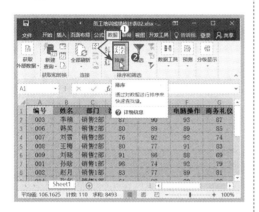

Step02　弹出"排序"对话框，显示出 9.1.1 小节中按照"部门"的拼音首字母对数据进行降序排列，单击"添加条件(A)"按钮，如下图所示。

Step03　即可添加一组新的排序条件，在"次要关键字"下拉列表中选择"总成绩"选项，其他设置保持不变，如下图所示。

Step04　单击"确定"按钮，返回工作表中，此时表格数据在根据"部门"的拼音首字母进行降序排列的基础上，按照"总成绩"的数值进行了降序排列，排序效果如下图所示。

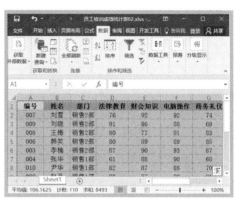

9.1.3　自定义排序

数据的排序方式除了按照数字大小和拼音字母顺序外，还会涉及一些特殊的顺序，例如部门等，此时就用到了自定义排序。对工作表中的数据进行自定义排序的具体操作方法如下。

Step01　打开光盘文件\素材文件\第 9 课\"员工培训成绩统计表 03.xlsx"，打开"排序"对话框，在第 1 个排序条件中的"次序"下拉列表中选择"自定义序列"选项，如下图所示。

Step02　❶ 弹出"自定义序列"对话框，在"自定义序列"列表框中选择"新序列"选项，❷ 在"输入序列"文本框中输入"销售 1 部，销售 2 部"，中间用英文半角状态下的逗号隔开，❸ 单击"添加(A)"按钮，如下图所示。

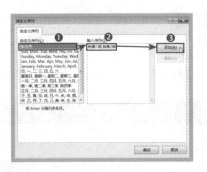

Step03 此时新定义的序列"销售1部，销售2部"就添加在"自定义序列"列表框中，单击 确定 按钮，如下图所示。

Step04 返回"排序"对话框，此时，第一个排序条件中的"次序"下拉列表自动选择"销售1部，销售2部"选项，如下图所示。

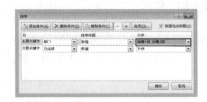

Step05 单击 确定 按钮，返回工作表，排序效果如下图所示。

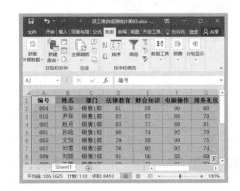

9.2 数据的筛选

Excel 2016 中提供了 3 种数据的筛选操作，包括自动筛选、自定义筛选和高级筛选。

9.2.1 自动筛选

自动筛选一般用于简单的条件筛选，筛选时将不满足条件的数据暂时被隐藏起来，只显示符合条件的数据。对数据进行自动筛选的具体操作方法如下。

1．指定数据的筛选

Step01 ❶ 打开光盘文件 \ 素材文件 \ 第9课 \ "员工培训成绩统计表 04.xlsx"，选中单元格区域 A1:J11，切换到"数据"选项卡，❷ 单击"排序和筛选"功能组中的"筛选"按钮 进入筛选状态，如下图所示。

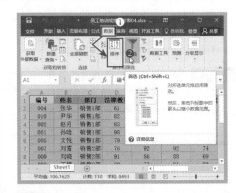

Step02 各标题字段的右侧出现一个下拉按钮，单击标题"部门"右侧的下拉按钮，在弹出的筛选列表中取消选中"销售2部"

复选框，如下图所示。

Step03 单击 确定 按钮，返回工作表，筛选效果如下图所示。

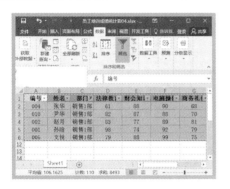

2．指定条件的筛选

Step01 ❶ 单击"排序和筛选"功能组中的"筛选"按钮，撤销之前的筛选，再次单击"筛选"按钮，重新进入筛选状态，❷ 单击标题"总成绩"右侧的下拉按钮，如下图所示。

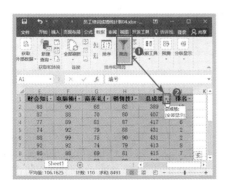

Step02 在弹出的下拉列表中选择"数字筛选"→"前 10 项"选项，如下图所示。

Step03 弹出"自动筛选前 10 个"对话框，然后将显示条件设置为"最大 3 项"，如下图所示。

Step04 单击 确定 按钮返回工作表中，筛选效果如下图所示。

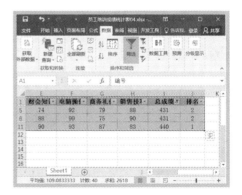

9.2.2 自定义筛选

在对表格数据进行自定义筛选时，用户可以设置多个筛选条件。

自定义筛选的具体操作方法如下。

Step01 ❶ 打开光盘文件\素材文件\第9课\"员工培训成绩统计表 05.xlsx"，切换到"数据"选项卡，❷ 单击"排序和筛选"功能组中的"筛选"按钮，撤销之前的筛选，如下图所示。

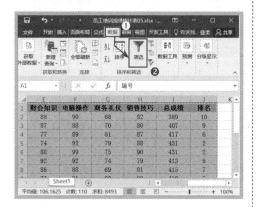

Step02 ❶ 再次单击"筛选"按钮，重新进入筛选状态，❷ 单击标题"排名"右侧的下箭头按钮，如下图所示。

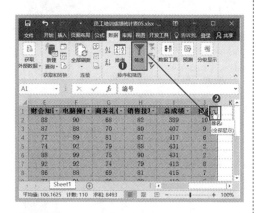

Step03 在弹出的下拉列表中选择"数字筛选"→"自定义筛选"选项，如下图所示。

Step04 弹出"自定义自动筛选方式"对话框，然后将排名条件设置为"大于或等于8或小于4"，如下图所示。

Step05 单击 确定 按钮，返回工作表中，筛选效果如下图所示。

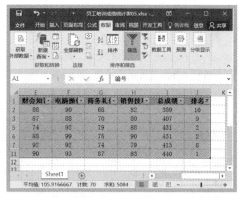

9.2.3 高级筛选

高级筛选一般用于条件较复杂的筛选操作，其筛选的结果可以显示在原数据表格中，

不符合条件的记录被隐藏起来；也可以在新的位置显示筛选结果，不符合条件的记录同时保留在数据表中而不会被隐藏起来，这样更加便于数据比对。对数据进行高级筛选的具体操作方法如下。

Step01 打开光盘文件 \ 素材文件 \ 第 9 课 \ "员工培训成绩统计表 06.xlsx"，按照上述介绍的方法撤销之前的筛选，如下图所示。

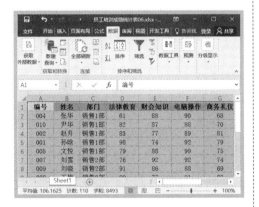

Step02 在工作表中输入筛选条件，例如在单元格 I13 中输入"总成绩"，在单元格 I14 中输入"<420"，如下图所示。

Step03 将光标定位在数据区域的任意单元格中，单击"排序和筛选"功能组中的"高级"按钮，如下图所示。

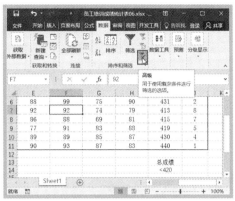

Step04 弹出"高级筛选"对话框，在"方式"组合框中默认选中"在原有区域显示筛选结果"单选按钮，单击"条件区域"文本框右侧的"折叠"按钮，如下图所示。

Step05 弹出"高级筛选 - 条件区域："对话框，在工作表中选择条件区域 I13:I14，如下图所示。

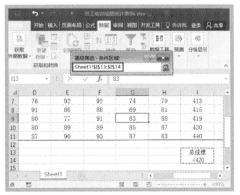

Step06 选择完毕，单击"展开"按钮，返回"高级筛选"对话框，此时即可在"条件区域"文本框中显示出条件区域，如下图所示。

Step07 单击 确定 按钮返回工作表中，筛选效果如下图所示。

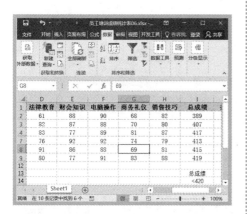

Step08 撤销之前的筛选，然后在工作表中输入多个筛选条件，例如将筛选条件设置为"总成绩 <420，排名 >=4"，如下图所示。

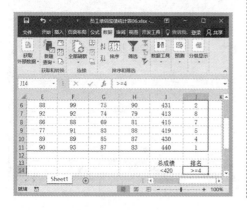

Step09 将光标定位在数据区域的任意一个单元格中，单击"排序和筛选"功能组中的"高级"按钮，如下图所示。

Step10 弹出"高级筛选"对话框，单击"条件区域"文本框右侧的"折叠"按钮，如下图所示。

Step11 弹出"高级筛选 - 条件区域："对话框，在工作表选择条件区域 I13:J14，如下图所示。

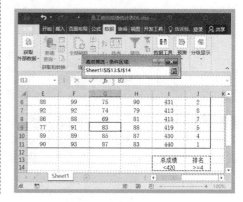

Step12 选择完毕，单击"展开"按钮📄，返回"高级筛选"对话框，此时即可在"条件区域"文本框中显示出条件区域的范围，如下图所示。

Step13 单击 确定 按钮，返回工作表中，筛选效果如下图所示。

9.3　数据的分类汇总

分类汇总是按照某一字段的内容进行分类，并对每一类统计出相应的结果数据。数据的分类汇总包括创建分类汇总和删除分类汇总两大部分。

▶ 9.3.1　创建分类汇总

如果要进行组合和汇总 Excel 的数据列表，则可以创建分类汇总。用户可以通过分级显示数据更快速地查到所需信息，使表格的管理更加清晰。创建分类汇总之前，首先要对工作表中的数据进行排序。

创建分类汇总的具体操作方法如下。

Step01 ❶ 打开光盘文件 \ 素材文件 \ 第 9 课 \ "员工培训成绩统计表 07.xlsx"，选中单元格区域 A1:J11，切换到"数据"选项卡，❷ 单击"排序和筛选"功能组中的"排序"按钮📄，如下图所示。

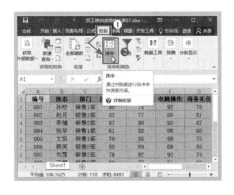

Step02 ❶ 弹出"排序"对话框，在"主要关键字"下拉列表中选择"部门"选项，在"排序依据"下拉列表中选择"数值"选项，在"次序"下拉列表中选择"升序"选项。❷ 设置完毕单击 确定 按钮，如下图所示。

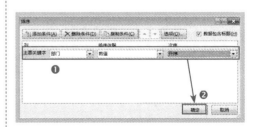

Step03 返回工作表中，此时表格数据即可根据"部门"的数值进行降序排列，如下图所示。

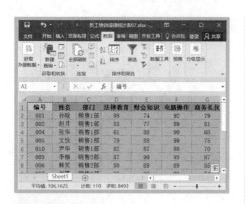

Step04 单击"分级显示"功能组中的"分类汇总"按钮，如下图所示。

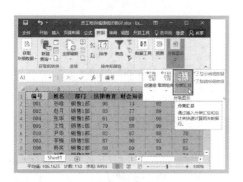

Step05 ❶弹出"分类汇总"对话框，在"分类字段"下拉列表中选择"部门"选项，❷在"汇总方式"下拉列表中选择"最大值"选项，❸在"选定汇总项"列表框中选中"总成绩"复选框，取消选中"排名"复选框，其他设置保持默认不变，如下图所示。

Step06 单击 确定 按钮，返回工作表中，汇总效果如下图所示。

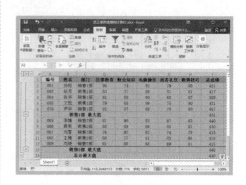

● 9.3.2 删除分类汇总

如果用户不再需要将工作表中的数据以分类汇总的方式显示出来，则可将刚刚创建的分类汇总删除。

删除分类汇总的具体操作方法如下。

Step01 ❶打开光盘文件\素材文件\第9课\"员工培训成绩统计表 08.xlsx"，将光标定位在数据区域的任意单元格中，切换到"数据"选项卡，❷单击"分级显示"功能组中的"分类汇总"按钮，如下图所示。

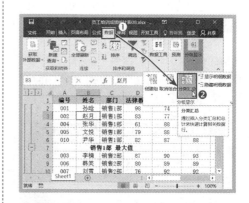

Step02 弹出"分类汇总"对话框，单击 全部删除(R) 按钮，如下图所示。

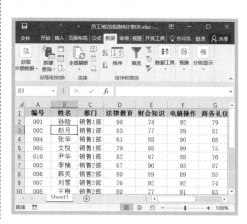

总前的状态，如下图所示。

Step03 返回工作表中，此时即可将所创建的分类汇总全部删除，工作表恢复到分类汇

学习问答 (16:15 ~ 16:30)

疑问 1：如何对合并单元格数据进行排序？

答：当需要排序的数据区域中包含合并单元格时，如果各个合并单元格大小不一致，就无法进行排序操作。接下来介绍如何对合并单元格数据进行排序，具体操作方法如下。

Step01 打开光盘文件 \ 素材文件 \ 第 9 课 \ "对合并单元格数据进行排序 .xlsx"，可以看到 A 列的合并单元格大小各不相同。若对这样的数据区域进行排序，将被 Excel 拒绝操作，如下图所示。

Step02 在每个合并区域的第 2 行根据最大合并区域的行数（本例中为 6 行）插入空行，即在原第 9 行之前插入 2 个空行，效果如下图所示。

Step03　选中合并单元格区域 A2:A13，单击"格式刷"按钮，再选中单元格区域 B2:D13 将其合并，即可得到相同大小的合并单元格，如下图所示。

Step04　❶ 选中合并单元格区域 A2:D13，切换到"数据"选项卡，❷ 单击"排序与筛选"功能组中的"排序"按钮，如下图所示。

Step05　弹出"排序"对话框，在"主要关键字"下拉列表中选择"部门"选项，在"次序"组合框中选择"降序"选项，如下图所示。

Step06　单击　确定　按钮返回工作表中，即可将工作表数据根据"部门"的降序排列，如下图所示。

Step07　❶ 选中单元格空白区域 E2:E13，切换到"开始"选项卡，❷ 单击"剪贴板"功能组中的"格式刷"按钮，再选中单元格区域 B2:D13，将其合并取消，如下图所示。

Step08　选中单元格区域 B2:D13，按【Ctrl+G】组合键，弹出"定位"对话框，单击 定位条件(S)... 按钮，如下图所示。

Step09 弹出"定位条件"对话框，在"选择"组合框中选中"空值"单选按钮，如下图所示。

Step10 单击 确定 按钮，即可选定当前区域中的空单元格，如下图所示。

Step11 右击，在弹出的快捷菜单中选择"删除"命令，如下图所示。

Step12 弹出"删除"对话框，在"删除"组合框中选中"整行"单选按钮，如下图所示。

Step13 单击 确定 按钮，即可将多余行删除，如下图所示。

疑问 2：如何将筛选结果输出到其他位置？

　　答：在 Excel 2016 中，用户可以将筛选过的数据输出到另一个文本中做其他功能使用，具体操作方法如下。

Step01 ❶ 打开光盘文件＼素材文件＼第 9 课＼"将筛选结果输出到其他位置 .xlsx"，切换到工作表"Sheet2"中，换到"数据"选项卡，❷ 单击"排序和筛选"功能组中的"高级"按钮，如下图所示。

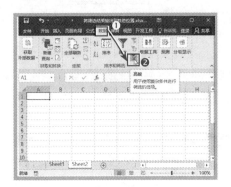

Step02 弹出"高级筛选"对话框，在"方式"组合框中选中"将筛选结果复制到其他位置"单选按钮，单击"列表区域"文本框右侧的"折叠"按钮，如下图所示。

Step03 弹出"高级筛选 - 列表区域："对话框，切换到工作表"Sheet1"中，选中列表区域 A1:J11，如下图所示。

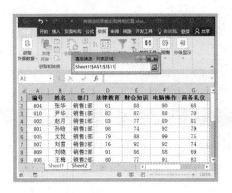

Step04 选择完毕，单击"展开"按钮，返回"高级筛选"对话框，此时即可在"列表区域"文本框中显示出选择的单元格区域。单击"条件区域"文本框右侧的"折叠"按钮，如下图所示。

Step05 弹出"高级筛选 - 条件区域："对话框，切换到工作表"Sheet1"中，选中条件区域 I13:J14，如下图所示。

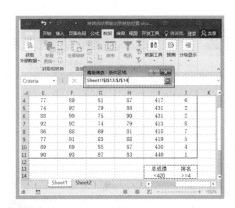

Step06 选择完毕，单击"展开"按钮，返回"高级筛选"对话框，此时即可在"条件区域"文本框中显示出选择的单元格区域。单击"复制到"文本框右侧的"折叠"按钮，如下图所示。

Step07 弹出"高级筛选 - 复制到:"对话框，选中单元格 A1，如下图所示。

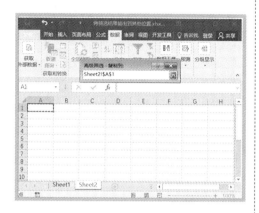

Step08 选择完毕，单击"展开"按钮，返回"高级筛选"对话框，此时即可在"复制到"文本框中显示出要复制到的位置，如下图所示。

Step09 单击　确定　按钮，返回工作表中，筛选效果如下图所示。

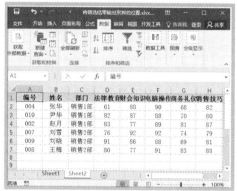

疑问 3：如何通过筛选取消重复的记录？

答：如果用户想要取消工作表中的重复记录，可以通过高级筛选来实现。具体操作方法如下。

Step01 ❶ 打开光盘文件 \ 素材文件 \ 第 9 课 \ "通过筛选取消重复的记录 .xlsx"，选中要进行筛选的单元格区域 A2:K14，切换到"数据"选项卡，❷ 在"排序和筛选"功能组中单击"高级"按钮，如右图所示。

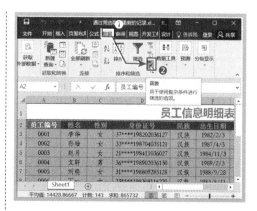

Step02 弹出"高级筛选"对话框，选中"选择不重复的记录"复选框，如下图所示。

记录被隐藏，如下图所示。

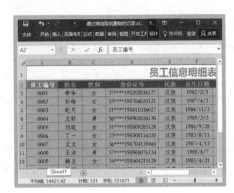

Step03 单击 确定 按钮则工作表中的重复

过关练习 (16：30 ~ 17：00)

通过前面内容的学习，结合相关知识，请读者亲自动手按照要求完成以下过关练习。

练习一：筛选员工信息

本小节以筛选出年龄小于 30 岁的女性员工的信息为例，讲解筛选功能在数据分析与处理中的重要应用，帮助用户轻松查找所需的数据信息。

筛选员工信息的具体操作方法如下。

Step01 ❶ 打开光盘文件 \ 素材文件 \ 第 9 课 \ "员工信息明细表 .xlsx"，将光标定位到数据区域的任意单元格中，切换到"数据"选项卡，❷ 在"排序和筛选"功能组中单击"筛选"按钮，此时工作表进入筛选状态，各标题字段的右侧出现一个下拉按钮，如下图所示。

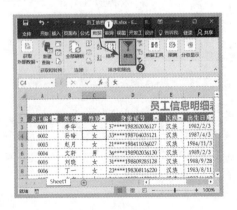

Step02 ❶ 单击"性别"右侧的下箭头按钮，❷ 在弹出的下拉列表中撤选"男"选项，❸ 单击 确定 按钮，如下图所示。

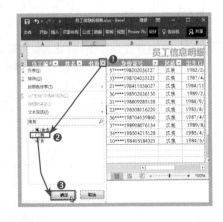

Step03 即可筛选出所有的女员工信息，如下图所示。

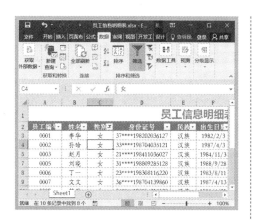

Step04 单击"年龄"右侧的下拉按钮 ▾，在弹出的下拉列表中选择"数字筛选" "小于"选项，如下图所示。

Step05 弹出"自定义自动筛选方式"对话框，设置条件为年龄"小于30"，单击 确定 按钮，如下图所示。

Step06 返回工作表中，此时即可筛选出所有年龄小于 30 岁的女员工的信息，最终效果如下图所示。

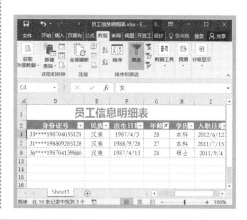

练习二：汇总各部门员工培训成绩

本小节以统计汇总各部门员工的平均培训成绩为例，介绍如何创建分类汇总，具体操作方法如下。

Step01 ❶ 打开光盘文件 \ 素材文件 \ 第 9 课 \ "员工培训成绩统计表 09.xlsx"，将光标定位到数据区域的任意单元格中，切换到"数据"选项卡，❷ 在"排序和筛选"功能组中单击"排序"按钮，如右图所示。

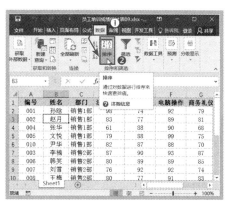

Step02 ❶ 弹出"排序"对话框，在"主要关键字"下拉列表中选择"部门"选项，在"排序依据"下拉列表中选择"数值"选项，在"次序"下拉列表中选择"升序"选项。❷ 设置完毕单击 确定 按钮，如下图所示。

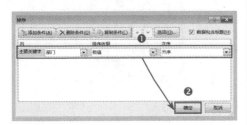

Step03 返回工作表中，此时表格数据即可根据"部门"的数值进行升序排列，如下图所示。

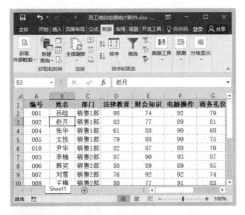

Step04 在"分类显示"功能组中单击"分类汇总"按钮，如下图所示。

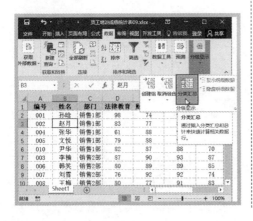

Step05 ❶ 弹出"分类汇总"对话框，在"分类字段"下拉列表中选择"部门"选项，❷ 在"汇总方式"下拉列表中选择"平均值"选项，❸ 在"选定汇总项"列表框中选中"总成绩"复选框，取消选中"排名"复选框，保持其他设置默认不变。❹ 设置完成后单击 确定 按钮，如下图所示。

Step06 返回工作表，显示汇总各部门员工培训成绩的平均值的效果如下图所示。

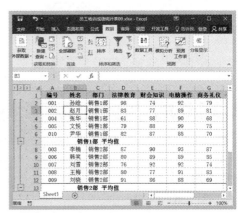

⊙ **学习小结**

本课主要介绍了 Excel 2016 的排序、筛选与分类汇总功能，使用这些功能，用户可以对工作表中的数据进行简单处理和分析。

学习笔记

第 10 课
Excel 2016 数据的高级分析与处理

数据的高级分析功能包括合并计算、单变量求解、模拟运算及规划求解等，合理地运用这些功能可以极大地提高日常办公中的工作效率。

学习建议与计划

时间安排：（19:30 ～ 21:00）

第二天 晚上

🎤 知识精讲（19:30 ～ 20:15）
　☆　合并计算和单变量求解
　☆　模拟运算表
　☆　方案管理器

👤 学习问答（20:15 ～ 20:30）

📝 过关练习（20:30 ～ 21:00）

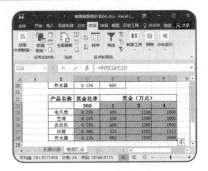

（19：30 ~ 20：15）

10.1　合并计算和单变量求解

合并计算功能通常用于对多个工作表中的数据进行计算汇总，并将多个工作表中的数据合并到一个工作表中。

单变量求解是解决假定一个公式要取的某一结果值，其中变量的引用单元格应取值为多少的问题。在 Excel 中根据所提供的目标值，将引用单元格的值不断调整，直至达到所需要求的公式的目标值时，变量的值才确定。

🔘 10.1.1　合并计算

1．按照分类合并计算

对工作表中的数据按照分类合并计算的具体操作方法如下。

Step01 ❶ 打开光盘文件＼素材文件＼第 10 课＼"销售数据统计表 01.xlsx"，切换到工作表"北京分部"中，选中单元格区域 B3:E7，❷ 切换到"公式"选项卡，❸ 单击"定义的名称"功能组中的 定义名称 按钮右侧的下拉按钮，❹ 在弹出的下拉列表中选择"定义名称"选项，如下图所示。

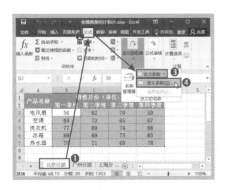

Step02 ❶ 弹出"新建名称"对话框，在"名称"文本框中输入"北京分部"，❷ 单击 确定 按钮，如下图所示。

Step03 ❶ 切换到工作表"广州分部"中，选中单元格区域 B3:E7，切换到"公式"选项卡，❷ 单击"定义的名称"功能组中的 定义名称 按钮，如下图所示。

Step04 ❶弹出"新建名称"对话框，在"名称"文本框中输入"广州分部"，❷设置完毕单击 确定 按钮，如下图所示。

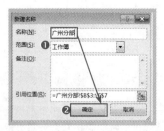

Step05 按照相同的方法定义"上海分部"和"天津分部"，如下图所示。

Step06 ❶切换到工作表"数据汇总"，❷选中单元格B3，切换到"数据"选项卡，单击"数据工具"功能组中的"合并计算"按钮，如下图所示。

Step07 ❶弹出"合并计算"对话框，在"引

用位置"文本框中输入定义的名称"北京分部"，❷单击 添加(A) 按钮，如下图所示。

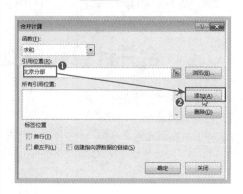

Step08 即可将其添加到"所有引用位置"列表框中，如下图所示。

Step09 ❶在"引用位置"文本框中输入定义的名称"广州分部"，❷单击 添加(A) 按钮，将其添加到"所有引用位置"列表框中，如下图所示。

Step10 使用相同的方法将"上海分部"和"天津分部"添加到"所有引用位置"列表框中，如下图所示。

Step11 设置完毕单击 确定 按钮，返回工作表中，即可看到合并计算结果，如下图所示。

2. 按位置合并计算

对工作表中的数据按照位置合并计算的具体操作方法如下。

Step01 ❶ 首先清除之前的计算结果和引用位置。选中单元格区域 B3:E7，切换到"开始"选项卡，❷ 单击"编辑"功能组中的 清除· 按钮，❸ 在弹出的下拉列表中选择"清除内容"选项，如下图所示。

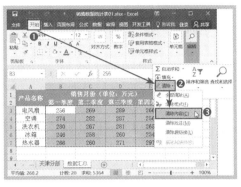

Step02 此时，选中区域的内容就被清除了，如下图所示。

Step03 ❶ 切换到"数据"选项卡，❷ 单击"数据工具"功能组中的"合并计算"按钮，如下图所示。

Step04 ❶ 弹出"合并计算"对话框，在"所

有引用位置"列表框中选择"北京分部"选项，❷ 单击 删除(D) 按钮，如下图所示。

对话框，切换到工作表"北京分部"中，❷ 选中单元格区域 B3:E7，如下图所示。

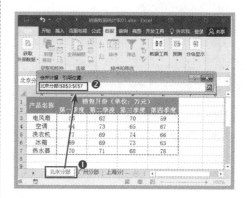

Step05 使用同样的方法将"所有引用位置"列表框中的所有选项删除即可，如下图所示。

Step08 单击文本框右侧的"展开"按钮，返回"合并计算"对话框，单击 添加(A) 按钮，如下图所示。

Step06 单击"引用位置"右侧的"折叠"按钮，如下图所示。

Step09 即可将其添加到"所有引用位置"列表框中，如下图所示。

Step07 ❶ 弹出"合并计算 - 引用位置："

Step10 使用同样的方法将其他引用位置添加到"所有引用位置"列表框中，如下图所示。

Step11 设置完毕单击 确定 按钮，返回工作表中，即可看到合并计算结果，如下图所示。

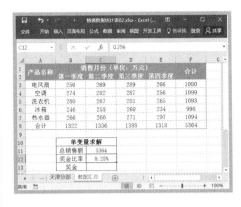

● 10.1.2　单变量求解

使用单变量求解能够通过调节变量的数值，按照给定的公式求出目标值。

例如奖金 = 销售额 × 奖金比率，某公司规定的奖金比率是 0.25%，求各个销售分部总销售额达到多少才能拿到 5 万元的奖金。

单变量求解的具体操作方法如下。

Step01 打开光盘文件 \ 素材文件 \ 第 10 课 \ "销售数据统计表 02.xlsx"，切换到工作表"数据汇总"中，在表中输入单变量求解需要的数据，如下图所示。

Step02 选中单元格 C13，输入公式"=C11*C12"，如下图所示。

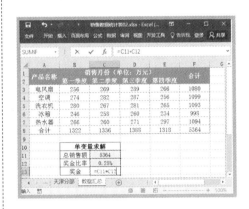

Step03 按【Enter】键，即可求出所有销售分部的奖金，如下图所示。

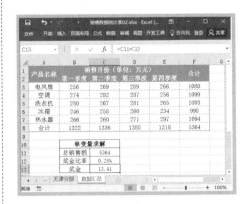

Step04 ❶ 选中单元格 C13，切换到"数据"选项卡，❷ 单击"预测"功能组中的"模拟

分析"按钮，❸ 在弹出的下拉列表中选择"单变量求解"选项，如下图所示。

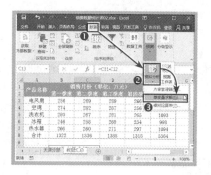

Step05 弹出"单变量求解"对话框，在"目标值"文本框中输入"5"，如下图所示。

Step06 单击"可变单元格"文本框右侧的"折叠"按钮，如下图所示。

Step07 弹出"单变量求解 - 可变单元格:"对话框，在工作表中选中可变单元格 C11，如下图所示。

Step08 单击文本框右侧的"展开"按钮，返回"单变量求解"对话框，此时可以看到可变单元格中显示出所选单元格，如下图所示。

Step09 单击 确定 按钮，弹出"单变量求解状态"对话框，如下图所示。

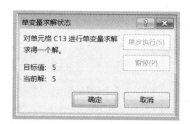

Step10 单击 确定 按钮，返回工作表中，即可看到最终求解结果，如下图所示。

10.2　模拟运算表

Excel 模拟运算表工具是一种只需一步操作就能计算出所有变化的模拟分析工具，它可以显示一个或多个公式中替换不同值时的结果。模拟运算表主要包括单变量模拟运算表和双变量模拟运算表两种。

10.2.1　单变量模拟运算表

用户在工作表中输入公式后，可以进行假设分析查看当改变公式中的某些值时怎样影响其结果，而模拟运算表正为用户提供了一个操作所有变化的捷径。

单变量模拟运算表是在工作表中输入一个变量的多个不同值，分析这些不同变量值对一个或多个公式计算结果的影响。在对数据进行分析时，用户既可以使用面向列的模拟运算表，也可以使用面向行的模拟运算表。

假设不同产品的奖金比率不同，总销售额为 360 万元，求各产品的销售额。利用单变量模拟运算表计算产品销售额的具体操作方法如下。

Step01　打开光盘文件＼素材文件＼第 10 课＼"销售数据统计表 03.xlsx"，切换到工作表"数据汇总"中，在单元格 C11 中输入总销售额"360"，按【Enter】键，即可计算出奖金数，如下图所示。

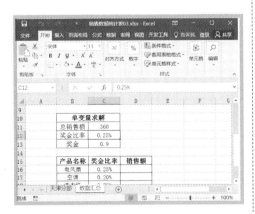

Step02　选中单元格 D16，输入公式"=INT(0.9/C12)"，输入完毕按【Enter】键即可，如下图所示。

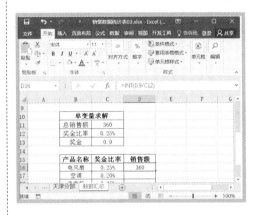

Step03　❶选中单元格区域 C16:D20，切换到"数据"选项卡，❷单击"预测"功能组中的"模拟分析"按钮，❸在弹出的下拉列表中选择"模拟运算表"选项，如下图所示。

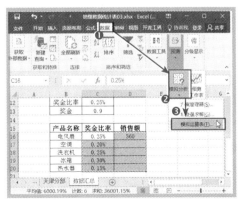

Step04　弹出"模拟运算表"对话框，单击

"输入引用列的单元格"文本框右侧的"折叠"按钮，如下图所示。

Step05 弹出"模拟运算表 - 输入引用列的单元格："对话框，选中单元格C14，如下图所示。

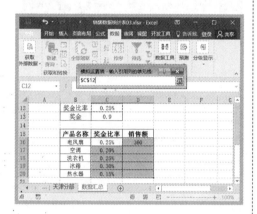

Step06 单击"展开"按钮，返回"模拟运算表"对话框，此时选中的单元格出现在"输入引用列的单元格"文本框中，如下图所示。

Step07 单击 确定 按钮，返回工作表中，此时即可从单变量模拟表中看出单个变量"奖金比率"对计算结果"销售额"的影响，如下图所示。

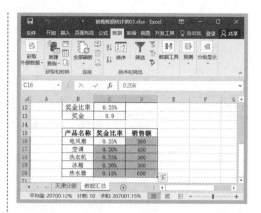

10.2.2 双变量模拟运算表

例如公司准备了8万元的奖金，分成1万元、3万元和4万元，各产品的奖金比率不同，求总销售额。

使用双变量模拟运算表计算不同奖金比率下的各产品销售额的具体操作方法如下。

Step01 打开光盘文件\素材文件\第10课\"销售数据统计表04.xlsx"，切换到工作表"数据汇总"中，选中单元格C23，输入公式"=INT(C13/C12)"，输入完毕按【Enter】键即可，如下图所示。

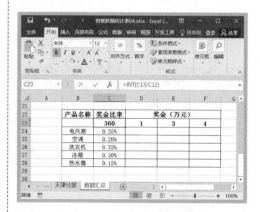

Step02 ❶ 选中单元格区域 B25:E30，切换到"数据"选项卡，❷ 单击"预测"功能组中的"模拟分析"按钮，❸ 在弹出的下拉列表中选择"模拟运算表"选项，如下图所示。

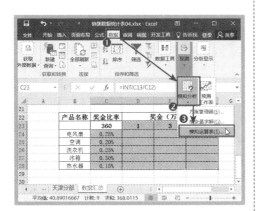

Step03 ❶ 弹出"模拟运算表"对话框，在"输入引用行的单元格"文本框中输入"$C$13"，❷ 在"输入引用列的单元格"文本框中输入"$C$12"，如下图所示。

Step04 单击 确定 按钮，返回工作表即可看到创建的双变量模拟运算表，从中可以看出两个变量"奖金比率"和"奖金"对计算结果"销售额"的影响，如下图所示。

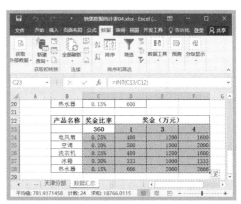

10.3 方案管理器

方案是一组由 Excel 保存在工作表中并可进行自动替换的值。用户可以使用方案来预测工作表模型的输出结果，还可以在工作表中创建并保存不同的数值组，然后切换到任何新方案以查看不同的结果。

10.3.1 创建方案

某企业销售分部有北京、广州、上海和天津，2015 年的销售额分别为 1363 万元、1339 万元、1323 万元和 1339 万元，销售成本分别为 580 万元、600 万元、650 万元和 700 万元。根据市场情况推测，2016 年区域的销售情况将会出现较好、一般和较差 3 种情况，每种情况下的销售额及销售成本

的增长率不同。其中销售利润＝销售额−销售成本。

创建方案的具体操作方法如下。

Step01 打开光盘文件＼素材文件＼第 10 课＼"销售数据统计表 05.xlsx"，选中单元格 G8，输入公式"=SUMPRODUCT (B4:B6,1+ G4:G6)−SUMPRODUCT(C4:C6,1+ H4:H6)"，按【Enter】键，即可得出总销售利润，如下图所示。

小提示

——SUMPRODUCT 函数

计算多种产品的总销售利润时就用到了 SUMPRODUCT 函数，该函数的功能是计算相应的区域或数组乘积的和。

语法：SUMPRODUCT（array1,array2, array3,...）

说明：Array1,array2,array3,... 为 2 到 30 个数组，其相应元素需要进行相乘并求和。

Step04 使用同样的方法将单元格 H4 定义为"北京分部销售成本增长率"，将单元格 G5 定义为"广州分部销售额增长率"，将单元格 H5 定义为"广州分部销售成本增长率"，将单元格 G6 定义为"上海分部销售额增长率"，将单元格 H6 定义为"上海分部销售成本增长率"，将单元格 G7 定义为"天津分部销售额增长率"，将单元格 H7 定义为"天津分部销售成本增长率"，将单元格 G8 定义为"总销售利润"，如下图所示。

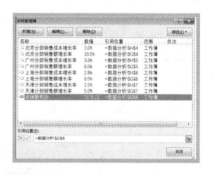

Step02 ❶选中单元格 G4，切换到"公式"选项卡，❷单击"定义的名称"功能组中的定义名称按钮右侧的下箭头按钮，❸在弹出的下拉列表中选择"定义名称"选项，如下图所示。

Step05 ❶切换到"数据"选项卡，❷单击"预测"功能组中的"模拟分析"按钮，❸在弹出的下拉列表中选择"方案管理器"选项，如下图所示。

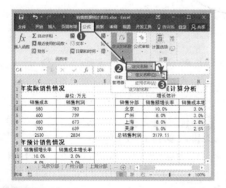

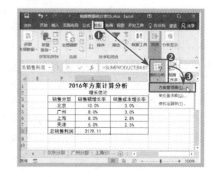

Step03 ❶弹出"新建名称"对话框，在"名称"文本框中输入"北京分部销售额增长率"，❷设置完毕，单击确定按钮。

Step06 弹出"方案管理器"对话框，单击 添加(A)... 按钮，如下图所示。

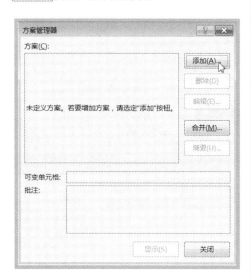

Step07 ❶ 弹出"添加方案"对话框，在"方案名"文本框中输入"方案1 较好"，❷ 单击"可变单元格"文本框右侧的"折叠"按钮 ，如下图所示。

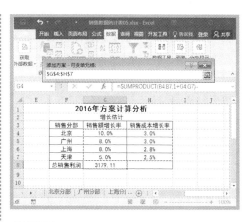

Step09 选择完毕，单击文本框右侧的"展开"按钮 ，返回"编辑方案"对话框，单击 确定 按钮，如下图所示。

Step08 弹出"添加方案 - 可变单元格:"对话框，在工作表中选中要引用的单元格区域 G4:H7，如下图所示。

Step10 ❶ 弹出"方案变量值"对话框，在各变量文本框中输入相应的值，❷ 设置完毕单击 确定 按钮，如下图所示。

Step11 返回"方案管理器"对话框，即可在"方案"列表框中看到创建的方案，单击 添加(A)... 按钮，如下图所示。

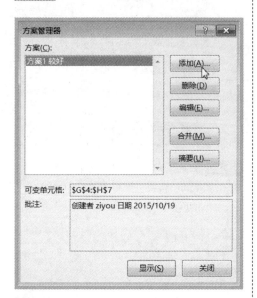

Step12 ❶弹出"添加方案"对话框，在"方案名"文本框中输入"方案2 一般"，❷ 将单元格区域 $G$4:$H$7 设置为可变单元格，❸ 单击 确定 按钮，如下图所示。

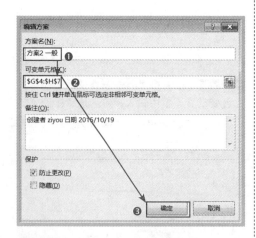

Step13 ❶弹出"方案变量值"对话框，在各变量文本框中输入相应的值，❷ 设置完毕单击 确定 按钮，如下图所示。

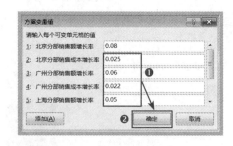

Step14 返回"方案管理器"对话框，单击 添加(A)... 按钮，继续添加其他方案，如下图所示。

Step15 ❶弹出"添加方案"对话框，在"方案名"文本框中输入"方案3 较差"，❷ 将单元格区域 $G$4:$H$7 设置为可变单元格。❸ 设置完毕单击 确定 按钮，如下图所示。

Step16 ❶ 弹出"方案变量值"对话框，在各变量文本框中输入相应的值，❷ 输入完毕单击 确定 按钮，如下图所示。

Step17 返回"方案管理器"对话框，创建完毕，单击 关闭 按钮即可，如下图所示。

拟分析"按钮，❸ 在弹出的下拉列表中选择"方案管理器"选项，如下图所示。

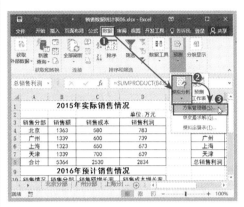

Step02 ❶ 弹出"方案管理器"对话框，在"方案"列表框中选择"方案 2 一般"选项，❷ 单击 显示(S) 按钮，如下图所示。

● 10.3.2　显示方案

方案创建好后，可以在同一位置看到不同的显示结果。

显示方案的具体操作方法如下。

Step01 ❶ 打开光盘文件\素材文件\第 10 课\"销售数据统计表 06.xlsx"，切换到"数据"选项卡，❷ 单击"预测"功能组中的"模

Step03 单击 关闭 按钮，返回工作表中，此时单元格区域 G4:H6 会显示方案 2 的基本数据，并自动计算出方案 2 的总销售利润，如下图所示。

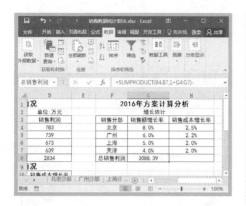

Step04　❶ 使用同样的方法打开"方案管理器"对话框，在"方案"列表框中选择"方案3较差"选项，❷ 单击 显示(S) 按钮，如下图所示。

Step05　单击 关闭 按钮，返回工作表中，此时单元格区域 G4:H7 会显示方案 3 的基本数据，并自动计算出方案 3 的总销售利润，如下图所示。

10.3.3　编辑和删除方案

如果用户对创建的方案不满意，还可以重新进行编辑或删除，以达到更好的效果。

编辑和删除方案的具体操作方法如下。

Step01　❶ 打开光盘文件 \ 素材文件 \ 第 10 课 \ "销售数据统计表 07.xlsx"，按照前面介绍的方法打开"方案管理器"对话框，在"方案"列表框中选择"方案3 较差"选项，❷ 单击 编辑(E)... 按钮，如下图所示。

Step02　弹出"编辑方案"对话框，单击 确定 按钮，如下图所示。

Step03　弹出"方案变量值"对话框，用户可以修改各变量文本框中的值，如下图所示。

Step04 编辑完毕，单击 `确定` 按钮，返回"方案管理器"对话框，如果要删除方案，只需在"方案"列表框中选择想要删除的方案选项，单击 `删除(D)` 按钮即可，如下图所示。

Step02 ❶弹出"方案摘要"对话框，在"报表类型"组合框中选中"方案摘要"单选按钮，❷在"结果单元格"文本框中输入"G8"，如下图所示。

Step03 单击 `确定` 按钮，此时工作簿中生成了一个名为"方案摘要"的工作表，生成的方案总结报告的效果如下图所示。

● 10.3.4　生成方案总结报告

如果用户想将所有的方案执行结果都显示出来，可以通过创建方案摘要生成方案总结报告。具体操作方法如下。

Step01 打开光盘文件\素材文件\第10课\"销售数据统计表 08.xlsx"，打开"方案管理器"对话框，单击 `摘要(U)...` 按钮，如下图所示。

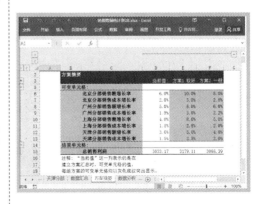

学习问答 (20:15 ~ 20:30)

疑问 1：如何对分类项不相同的数据表合并计算？

答：合并计算还可以对分类项数目不相等的多个数据表区域进行合并计算，实现多表提取分类项不重复并合并计算的目的。

Step01 ❶ 打开光盘文件 \ 素材文件 \ 第 10 课 \ "销售统计表 .xlsx"，选中单元格 A14，切换到 "数据" 选项卡，❷ 单击 "数据工具" 功能组的 "合并计算" 按钮，如下图所示。

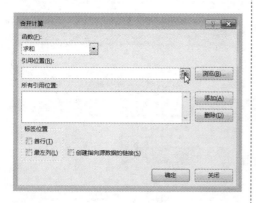

Step02 弹出 "合并计算" 对话框，单击 "引用位置" 文本框右侧的 "折叠" 按钮，如下图所示。

Step03 弹出 "合并计算 - 引用位置："对话框，在工作表中选中单元格区域 A1:E5，如下图所示。

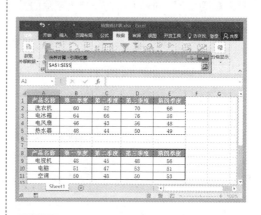

Step04 单击文本框右侧的 "展开" 按钮，返回 "合并计算" 对话框，单击 添加(A) 按钮即可将其添加到 "所有引用位置" 列表框中，如下图所示。

Step05 使用同样的方法将单元格区域 A8:E11 添加到 "所有引用位置"，列表框中，

然后在"标签位置"组合框中选中"首行"和"最左列"复选框，如下图所示。

Step06 设置完毕，单击 确定 按钮，返回工作表中，即可看到合并计算结果如下图所示。

疑问 2：如何核对文本型数据？

答：现有新旧两组数据，需要将这两组数据的差异找出来，用户可以采用合并计算功能计数，然后使用筛选功能进行核对，具体操作方法如下。

Step01 ❶ 打开光盘文件 \ 素材文件 \ 第 10 课 \ "核对文本型数据 .xlsx"，选中单元格 A13，切换到"数据"选项卡，❷ 单击"数据工具"功能组的"合并计算"按钮，如下图所示。

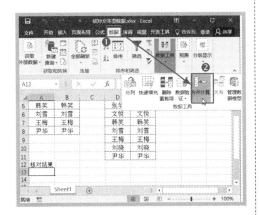

Step02 ❶ 弹出"合并计算"对话框，在"函数"下拉列表中选择"计数"选项，❷ 依次添加要核对的单元格区域，❸ 在"标签位置"组合框中选中"首行"和"最左列"复选框，如下图所示。

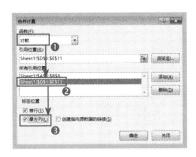

Step03 单击 确定 按钮返回工作表中，如下图所示。

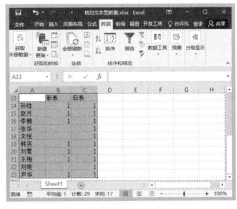

Step04 选中单元格 D14，输入公式"=N (B14<>C14)"，按【Enter】键，然后将公式向下填充到单元格 D23 中，如下图所示。

Step05 选中单元格区域 A13:D23，单击"排序和筛选"功能组中的"筛选"按钮，如下图所示。

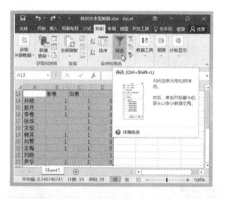

Step06 单击单元格 D13 右侧的下箭头按钮，在弹出的下拉列表中取消选中"0"复选框，如下图所示。

Step07 单击 **确定** 按钮，筛选后的效果如下图所示。

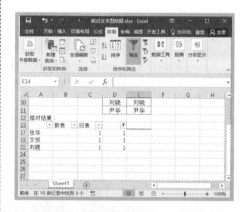

疑问 3：如何如何生成方案数据透视表？

答：方案创建完成后不光可以生成方案摘要还可以生成方案数据透视表，具体操作方法如下。

Step01 ❶ 打开光盘文件\素材文件\第 10 课\"销售数据统计表 09.xlsx"，切换到"数据分析"工作表中，❷ 切换到"数据"选项卡，❸ 在"预测"功能组中单击"模拟分析"按钮，❹ 在弹出的下拉列表中选择"方案管理器"选项，如右图所示。

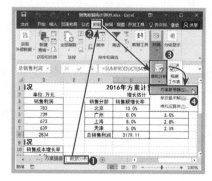

Step02 ❶弹出"方案管理器"对话框，在"方案"列表框中选择一种方案，例如"方案 1 较好"，❷单击 摘要(U)... 按钮，如下图所示。

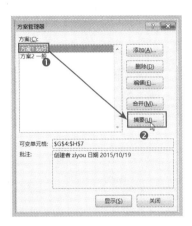

Step03 ❶弹出"方案摘要"对话框，在"结果类型"组合框中选中"方案数据透视表"单选按钮，❷在"结果单元格"文本框中输入"G8"，如下图所示。

Step04 单击 确定 按钮，生成的方案数据透视表如下图所示。

过关练习 (20:30 ~ 21:00)

通过前面内容的学习，结合相关知识，请读者亲自动手按照要求完成以下过关练习。

练习一：销售数据模拟分析

假设公司规定的奖金比率是 0.25%，求销售部的员工销售额达到多少才能拿到 30000 元的奖金？接下来介绍如何使用单变量求解来计算销售额，具体操作方法如下。

Step01 打开光盘文件\素材文件\第 10 课\"销售数据模拟分析表 .xlsx"，选中单元格 B4，输入公式"=B2*B3"，如右图所示。

Step02 输入完毕，按【Enter】键，即可求出奖金，如下图所示。

Step03 ❶ 切换到"数据"选项卡，❷ 单击"预测"功能组中的"模拟分析"按钮，❸ 在弹出的下拉列表中选择"单变量求解"选项，如下图所示。

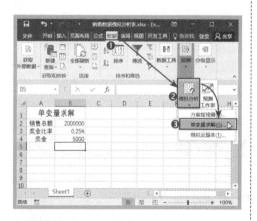

Step04 弹出"单变量求解"对话框，单击"目标单元格"文本框右侧的"折叠"按钮，如下图所示。

Step05 弹出"单变量求解 - 目标单元格 :"对话框，在工作表中选中目标单元格 B4，如下图所示。

Step06 选择完毕，单击文本框右侧的"展开"按钮，返回"单变量求解"对话框，在"目标值"文本框中输入"30000"，在"可变单元格"文本框中输入可变单元格"$B$2"，如下图所示。

Step07 单击 确定 按钮，弹出"单变量求解状态"对话框，如下图所示。

Step08 单击 [确定] 按钮，返回工作表中，即可看到最终求解结果，如右图所示。

练习二：企业贷款还款额分析

接下来以分析企业还款额为例介绍方案管理器的使用。假设现在有 3 种贷款方式，分别规定了不同的贷款金额、不同的年利率以及贷款年限。下面就利用方案管理器来预测选择各种贷款方式后的每期还款额，具体操作方法如下。

Step01 打开光盘文件 \ 素材文件 \ 第 10 课 \ "企业贷款还款额分析.xlsx"，选中单元格 D10，输入公式 "=PMT(C9/12, C8*12,C7)"，输入完毕按【Enter】键，即可计算出每月还款额，如下图所示。

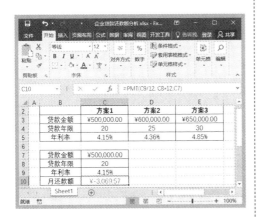

Step02 ❶ 切换到 "数据" 选项卡，❷ 在 "预测" 功能组中单击 "模拟分析" 按钮，❸ 在弹出的下拉菜单中选择 "方案管理器" 选项，如下图所示。

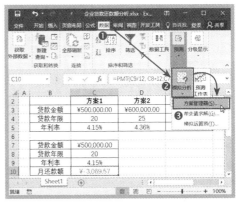

Step03 弹出 "方案管理器" 对话框，单击 [添加(A)...] 按钮，如下图所示。

Step04 ❶弹出"添加方案"对话框，在"方案名"文本框中输入"方案1"，❷ 在"可变单元格"文本框中输入要引用的单元格区域"$C$7:$C$9"，❸ 单击 确定 按钮，如下图所示。

Step05 ❶弹出"方案变量值"对话框，在各变量文本框中输入方案1对应的值即可，❷ 设置完毕，单击 确定 按钮，如下图所示。

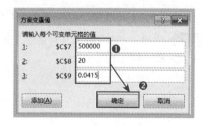

Step06 返回"方案管理器"对话框，此时即可在"方案"列表框中看到所添加的方案，单击 添加(A)... 按钮，如下图所示。

Step07 ❶弹出"添加方案"对话框，在"方案名"文本框中输入"方案2"，❷ 单击 确定 按钮，如下图所示。

Step08 ❶弹出"方案变量值"对话框，在各变量文本框中输入方案2对应的值，❷ 设置完毕，单击 确定 按钮，如下图所示。

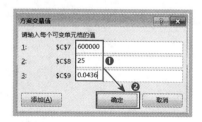

Step09　返回"方案管理器"对话框，此时即可在"方案"列表框中看到所添加的方案 2，然后按照相同方法继续添加方案 3，如下图所示。

Step10　单击 摘要(U)... 按钮，如下图所示。

Step11　❶ 弹出"方案摘要"对话框，在"报表类型"组合框中选中"方案摘要"单选按钮，❷ 在结果单元格文本框中输入单元格"C10"，如下图所示。

Step12　单击 确定 按钮，此时工作薄中生成了一个名为"方案摘要"的工作表，生成的方案总结报告的最终效果如下图所示。

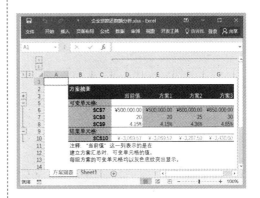

◎ 学习小结

本课主要介绍了 Excel 2016 的模拟分析功能，包括合并计算、单变量求解、模拟运算及方案管理器等，通过这些模拟分析功能，可以极大地提高日常办公中的工作效率。

学习笔记